DOG-MANAGEMENT

Ulv Philipper

DOG
MANAGEMENT
Überraschend einfach führen

MURMANN
MURMANN PUBLISHERS

Dieses Buch wurde klimaneutral produziert.

Bibliografische Information der Deutschen Nationalbibliothek
Die Deutsche Nationalbibliothek verzeichnet diese Publikation in der deutschen
Nationalbibliografie; detaillierte bibliografische Daten sind im Internet über
http://dnb.d-nb.de abrufbar.

1. Auflage 2015
Copyright © 2015 by Murmann Publishers GmbH, Hamburg
ISBN 978-3-86774-426-3

Herstellung, Umschlaggestaltung und Layout: Murmann Publishers GmbH
Satz: G&U Language & Publishing Services GmbH
Druck und Bindung: Steinmeier GmbH & Co. KG, Deiningen
Printed in Germany

Besuchen Sie uns im Internet: www.murmann-publishers.de

Ihre Meinung zu diesem Buch interessiert uns!
Zuschriften bitte an info@murmann-publishers.de

Den Murmann Publishers-Newsletter können Sie anfordern unter
newsletter@murmann-publishers.de

INHALTSVERZEICHNIS

SEITE 7
VORWORT

1. KAPITEL / SEITE 11
GUCK MAL, WER DA SPRICHT

2. KAPITEL / SEITE 31
DIE „ANDEREN" SIND WIR

3. KAPITEL / SEITE 47
EIN GUTER HUND SPRINGT NUR SO HOCH,
WIE ER MUSS

4. KAPITEL / SEITE 69
DU KOMMST HIER NICHT REIN!
ODER: DIE SACHE MIT DER BUTTER

5. KAPITEL / SEITE 91
AUS PRINZIP NICHT!

6. KAPITEL / SEITE 109
ICH SEHE DICH

7. KAPITEL / SEITE 129
WENN DU LICHT BRAUCHST,
MUSST DU STRAMPELN!

8. KAPITEL / SEITE 149
PRIMUS INTER PARES

SEITE 175
DANK

Für Maren

VORWORT

■ „Das Vorwort schreibt man am besten zum Schluss" –
so klingen beim Schreiben dieser Zeilen die Worte meiner
überaus geduldigen Lektorin in meinen Ohren. Und jetzt,
nach dem Abschluss des letzten Kapitels, machen sie so
richtig Sinn. Zum jetzigen Zeitpunkt kann ich Ihnen bereits
sicher verraten: **Es ist kein Hundebuch geworden.**
Aber keine Angst – dennoch trägt das Mitwirken des Hundes zu einem nicht unerheblichen Anteil an der Aufklärung
so mancher sonst verborgener Sachverhalte entscheidend
bei. Dog-Management steht für die Zusammenführung
zweier Themen, die beim ersten Hinsehen in keiner Art und
Weise zusammenpassen wollen: **Hundeausbildung und
humane Führung.**
Sie werden jedoch überrascht sein, da bin ich mir sicher, wie
nah sich diese beiden Welten in Wirklichkeit sind. In der
Hundeausbildung kann man alle Mechanismen wiederfinden, die auch in unserem zwischenmenschlichen Umgang
sachliche Kommunikation fast gänzlich unmöglich machen. Mehr noch: Diese Mechanismen werden am Beispiel

der Hund-Mensch-Beziehung sichtbar – und vor allem im beruflichen Umgang mit anderen Menschen.

Um diese Mechanismen vertrauter zu machen, tauchen im Verlauf des Buches bewusst immer neue Rückschlusskombinationen auf, die bereits Genanntes wieder vorkommen lassen. Mit der neuen Verknüpfung vertiefen sie dabei ihre Bedeutung.

Es war auch für mich ein unerwartetes Erlebnis, welche Eigendynamik sich entwickelt, wenn man einmal beginnt, die allesamt bekannten Erkenntnisse in eine neue Anordnung zu stellen.

Die Kapitel sind von mir so geschrieben, dass jedes in sich als geschlossene Einheit wahrgenommen werden kann. Da in dem ersten Kapitel aber alle wichtigen Aspekte angeschnitten werden, ist es zu empfehlen, dieses als Einstieg zu verwenden.

Die kleinen Geschichten, auf die Sie stoßen werden, das möchte ich Ihnen versichern, sind alle auf der Grundlage wahrer Begebenheiten entstanden. Auch wenn sie stark überzeichnet wirken, sind sie nur die Spitze des realen Wahnsinns.

Ich hoffe, das Lesen bereitet Ihnen genauso viel Freude wie mir das Schreiben. ∎

KAPITEL 1

GUCK MAL, WER DA SPRICHT

■ „Wenn du schön gehorsam bist, sollst du auch deine Freiheiten haben."

Das waren seine letzten Worte, bevor sich der Inhalt eines Glases Chianti Classico, Jahrgang 2002, schlagartig in seinem Gesicht entleerte. Ein guter Jahrgang, war noch sein Gedanke, als sie empört das Lokal verließ. Da saß er nun wie ein begossener Pudel. Dabei hatte er es doch nur gut mit ihr gemeint. Allerdings muss er wohl die Ratschläge seines Vaters, der ihm zuvor noch die wichtigsten Grundregeln einer harmonischen Partnerschaft an die Hand gegeben hatte, etwas fehlinterpretiert haben: „Frauen suchen eine starke Schulter, an die sie sich anlehnen können. Jemanden, der in der Lage ist, Entscheidungen zu treffen. Jemanden, dem man sich anvertrauen kann. Und dennoch brauchen sie ihren Freiraum." Das waren die weisen Worte des Vaters. Er hat geschlussfolgert, dass Mann in einer Beziehung bestimmen soll und sich durchsetzen muss, um dann in einem angemessenen Maße großzügig sein zu können.

➡️ Übrigens ein sehr beliebter Fehler, Stärke mit Durchsetzung zu verwechseln und eigene Großzügigkeit als Freiheit des anderen zu definieren. Böser Fehler.

Wenn Sie glauben, das kleine vorangegangene Beispiel wäre stark übertrieben, dann irren Sie. Sie müssen nur die Akteure austauschen. Herzlich willkommen in der Realität – in der Realität der Hundeführung. Lassen Sie uns einmal einen gemeinsamen Blick in diese Parallelwelt werfen. Sollten Sie dabei den Eindruck gewinnen, Sie beobachten eine Ihnen vollkommen unbekannte Spezies, dann möchte ich Sie bitten, mit mir aus meinem Blickwinkel noch einmal genauer hinzuschauen. Sie werden überrascht sein, wem Sie dort begegnen.

„Mein Hund soll frei sein", antwortet die Dame mit dem Beagle auf die Frage, wie sie sich nach erfolgreicher Schulung die Zukunft mit ihrem Hund vorstellen würde. Ich konnte ihr nur zustimmen, denn genau das ist auch meine Vorstellung von einer der Grundsäulen einer harmonischen Beziehung. „Und gehorsam", ergänzte sie nach einer kurzen Gedankenpause. Und da war es wieder, das alte Problem. In der Mensch-Hund-Beziehung taucht diese Wortkombination sehr häufig auf und ist die Garantie dafür, dass jedes Vorhaben einer auf Bereitschaft basierenden Gemeinschaft zunichtegemacht wird. Eine Partnerschaft auf der Basis des

Gehorsams ist in der heutigen Hundeausbildung nach wie vor die populärste Vorstellung. Übrigens mit den gleichen verheerenden Missverständnissen und deren Folgen, wie wir an unserem menschlichen Beispiel sehen konnten. Nur fallen diese aus Mangel an Chianti nicht so schlagartig auf.

➡ **Nach wie vor wird hier aufgrund längst überholter Denkansätze Führung im Sinne von Durchsetzung missverstanden.**

Ähnlich wie in unserer zuvor beschriebenen Szene glauben wir, dass unser Gegenüber nach etwas sucht, das wir selbst in den meisten Fällen ablehnen: gehorsam zu sein. Leider hat sich dieses Verständnis in unserer Wahrnehmung dermaßen fest etabliert, dass wir es bei jeder weiteren Betrachtung eines Gegenübers, das wir in irgendeiner Form als „geringer" einschätzen, ungeprüft voraussetzen.

Um das Dilemma, in dem sie sich befand, sichtbar zu machen, fragte ich die Dame, was denn für sie der Begriff „Freiheit" bedeute. Ganz spontan und ohne zu zögern – wie übrigens von allen von mir befragten Hundehaltern – kam die Antwort:

➡ **„Freiheit bedeutet, sich selbst entscheiden zu können."**

➡ Mit dem Gehorsam aber verhält es sich genau umgekehrt: Gehorsamkeit zu erwarten bedeutet, jemandem die Entscheidung zu nehmen.

Kommen wir auf den Wunsch der Beagle-Halterin zurück, würde das bedeuten, dass ihr Hund die Möglichkeit der Wahl haben soll, aber keine Wahl dabei hat. Jetzt kam ihr der eigene Wunsch sehr befremdlich vor. Es aus diesem Blickwinkel zu betrachten war für sie neu, da wir den direkten Vergleich zum Menschen gezogen hatten.

Nun bestimmt in der Hundeausbildung seit Jahrzehnten die Aufforderung, den Hund auf keinen Fall mit dem Menschen zu vergleichen beziehungsweise ihn bloß nicht zu vermenschlichen, den Umgang mit dem Hund. Fast wie in Stein wurde sie als Wahrheit in das Unterbewusstsein der Hundehalter eingemeißelt. Und ist sie dort einmal angekommen, wird sie ungeprüft als Grundlage für weitere Einschätzungen herangezogen.

Wenn wir von der Richtigkeit einer ganz bestimmten Festlegung – sei es die Aussage „Einen Hund kann und sollte man nicht mit einem Menschen vergleichen", sei es eine andere Überlegung – **überzeugt sind, dann gehen wir davon aus, dass unser Blickwinkel das „Normal" und damit auch die Wahrheit darstellt.**

Kommen Zweifel an dieser Festlegung auf, die etwa von außen an uns herangetragen werden, nehmen wir wie selbstverständlich an, dass der Andere irrt. Wir selbst sind ja neutral und natürlich dabei immer sachlich. Zwar wissen wir durchaus, dass der Mensch eigentlich nie wirklich objektiv sein kann und er permanent Gefahr läuft, Opfer seiner eigenen Vorurteile zu werden. Wie oft beklagen wir mangelnde geistige Flexibilität und Schubladendenken um uns herum. Aber mal ehrlich, wir sind ja unter uns, das passiert doch nur den anderen. Wir selbst würden in so eine Falle niemals tappen! Wir sind doch gebildet, weltoffen und tolerant.

Irritierend ist dabei jedoch die Tatsache, wie schnell wir bereit sind, uns mit Hilfe von nur wenigen, meist sogar noch komplett ungeprüften Informationshappen eine Meinung zu bilden, um diese dann lauthals jedem Andersdenkenden wie ein Schwert in das Herz seiner vermeintlichen Unwissenheit zu rammen. Bei der Wahl der Mittel ist man dabei nicht zimperlich: Es wird vermutet, behauptet und unterstellt – auf Teufel komm raus. Die Empfindung unseres Gegenübers wird nicht selten mit Füßen getreten, oft unbemerkt. Aber wir sind ja nun einmal nicht verantwortlich für dessen Wissensmangel. Irgendjemand muss es ihm einmal mitteilen. Wir selbst bewegen uns schließlich auf der „hellen Seite der Macht", und am Ende haben wir dem Ahnungslosen sogar Gutes getan und ihn aus seiner misslichen Lage befreit. Eine Win-win-Situation – oder?

Wenn es doch nur so einfach wäre! Was wir dabei allerdings übersehen haben, ist, dass unser „Kontrahent" mit hoher Wahrscheinlichkeit ebenso überzeugt von der Richtigkeit seiner Argumente ist, wie wir selbst es auch sind. Und richtig peinlich wird es dann, wenn er sich zuvor die Mühe gemacht hat, diese auch noch sachlich nachweisbar zu belegen. Auch wenn das für den einen oder anderen kaum vorstellbar ist: Ein Zeichen großer Stärke bestünde darin, gemeinsam über die neuen Erkenntnisse nachzudenken und diese bei überprüfter Korrektheit zusammen als Grundlage einer veränderten Sichtweise zu verwenden. „What a wonderful world …!" **Das Problem ist nur, dass viele von uns eine eigene fehlerhafte Wahrnehmung als Schwäche verstehen, die wir nur ungerne zugeben.** Deswegen ist die Wahrscheinlichkeit leider ziemlich groß, dass wir folgende Variante wählen: Wir verkünden unsere nachweislich schwächelnde Betrachtung radikaler als jemals zuvor. Streng nach dem Motto: „Wer am lautesten trommelt, bekommt am meisten Gehör."

Dabei drängt sich der Verdacht auf:

➡ **Je radikaler jemand etwas vertritt, desto größer ist seine Angst, dass sein gesamtes bisheriges Weltbild einer genaueren Hinterfragung und Überprüfung nicht standhalten könnte.**

Man möchte sein Gegenüber zum Schweigen bringen, um sich selbst und die eigenen Ansichten nicht in Frage stellen zu müssen. Zu diesem Zweck scheint jedes Mittel recht zu sein. Grundsätzlich bin ich davon überzeugt, dass jede Form von Radikalität sich selbst die Glaubwürdigkeit nimmt. Müssen wir erst jemanden zwingen, unseren Inhalten zu folgen, haben wir als Vorbild gänzlich versagt.

➡ **Hundeausbildung verdeutlicht in vielerlei Hinsicht unsere Neigung, lieber jemand anderen in Frage zu stellen, als die eigene Grundlage der Beurteilung zu überprüfen.**

Vor einem Vergleich mit dem anderen scheuen wir uns – oft aus dem Grund, dass wir uns gar nicht vorstellen können, dass es überhaupt Vergleichspunkte geben kann. Das geht einem Vorgesetzten mit seinen Mitarbeitern so. Das geht einem Menschen mit „seinem" Hund nicht anders. Diese Neigung könnte allerdings gefährlich werden.

➡ **Ein Vergleich kann grundsätzlich als ein ideales Mittel dienen, uns selbst zu erkennen und unser Gegenüber richtig einschätzen zu können oder sogar ganz neu kennenzulernen.**

Vor so einem Vergleich mit einem anderen müssen wir keine Angst haben. Was kann schon passieren? Im besten Fall werden wir in unserer vorher schon vorhandenen Sichtweise bestätigt, was unsere Überzeugung weiter wachsen lässt, nun allerdings stärker begründet als zuvor. Im schlimmsten Fall könnten wir zu neuen Erkenntnissen kommen und uns entwickeln. Das hat bekanntlich noch niemandem geschadet.

➡ **Eine Fehleinschätzung zeigt nicht mangelnde Intelligenz, sondern ist ganz einfach nur menschlich.**

Bei einem Vergleich der eigenen Überzeugung mit derjenigen eines anderen geht es nicht darum, die Mangelhaftigkeit eines Menschen darzustellen, sondern die Ursachen für eventuell fehlgeleitete Einschätzungen zu finden und somit die Möglichkeit zu schaffen, dieses Wissen für positive Veränderungen zu nutzen.

Vergleichen wir unser eigenes Denken mit demjenigen eines Gegenübers, schauen wir uns einmal – vielleicht sogar zum ersten Mal – die vermeintlichen Fakten, die wir zur Beurteilung einer Sache im Allgemeinen heranziehen, etwas genauer an. Daraus kann ein nächster Schritt resultieren: Bei der Sammlung aller zur Verfügung stehenden Informationen verwenden wir nur diejenigen, die nachweislich belegbar sind. Wir streichen alle Vermutungen, Annahmen und Behauptungen. Bei Statements – auch unseren eigenen –, die ohne weitere Beweisführung daherkommen, fragen wir nach dem Warum.

Gerade in der „Pippi-Langstrumpf-Welt" („Ich mache mir die Welt, wie sie mir gefällt") der Hundeausbildung wird gerne mit Dogmen – mit Lehren, die einen absoluten Anspruch auf Wahrheit und Gültigkeit für sich geltend machen – gearbeitet. Ein solches Dogma ist, dass man den Hund nicht mit dem Menschen vergleichen kann. Auf die Frage, warum das denn eigentlich nicht möglich sein soll, ist die Antwort oft, dass der Mensch eben ein Mensch und der Hund ein Tier sei. Wahrlich eine brillante Erkenntnis.

Dieses Dogma vergisst allerdings eine wichtige Grundvoraussetzung:

➡ **Vergleichen bedeutet nicht, jemanden gleich zu machen.**

Es geht nicht darum, von einer absoluten Gleichheit der zwei miteinander zu vergleichenden Seiten oder Parteien auszugehen oder dorthin zu gelangen. Mit einem Vergleich schafft man sich lediglich die Möglichkeit, das Vertraute und damit oft sich selbst gegen das bis dahin noch Unbekannte, in diesem Fall den Hund, zu stellen. Wie wir es im Allgemeinen an uns selbst erkennen können, verunsichert uns das

Unbekannte und ist der häufigste Grund für ein Gefühl der Hilflosigkeit. Dies wiederum stellt genau das gravierendste Problem dar, das Hundehalter empfinden, wenn ihr vierbeiniger Freund zum wiederholten Male keine Reaktion auf ihre Ansprache zeigt. Das Verhalten des Hundes ist nicht erklärbar, es ist unbekannt und verunsichert den Hundehalter. Da der Mensch seinen Hund aber schützen möchte, betritt an dieser Stelle oft der sachkundige Ratgeber die Bühne.

Wie in der humanen Beratung finden wir auch in diesem ganz eigenen Kosmos der Hundeerziehung eine Vielzahl von Theoretikern, die sich aus tiefster Überzeugung über ihre eigene Kompetenz berufen fühlen, den Menschen von der Bürde seiner Unerfahrenheit zu befreien. Gerade diese Personengruppe arbeitet leidenschaftlich gern mit sogenannten „wissenschaftlich nachgewiesenen" Fakten. Die Wissenschaft selbst allerdings erhebt für sich von jeher den Anspruch, irren zu dürfen, wenn nicht gar zu müssen, um den Fortschritt einer Entwicklung erst ermöglichen zu können.

➡ **Gänzlich unumstößliche Wahrheiten existieren folglich nicht, sondern immer nur Beobachtungen, die nur so lange als Status quo gelten dürfen, bis neue Erkenntnisse sie ablösen.**

Leider werden solche Beobachtungen aber von einigen „Fachleuten" eher dogmatisch verwendet – als unantastbare, fast wie von Gott selbst geschriebene Gesetze. Irritiert durch das vehemente Auftreten traut sich natürlich kein Laie, das offensichtliche Know-how seines professionellen Ratgebers in Frage zu stellen. Dabei sollte allein die Verwendung eines Dogmas bereits einen guten Grund zum Zweifeln darstellen. Denn wann immer dieses eingesetzt wird, entsteht der Eindruck, dass von einer eigenen Nachfrage, womöglich einer Hinterfragung, abgehalten werden soll. Doch davon sollten wir uns nicht abschrecken lassen: **Nachfragen muss immer erlaubt sein.**

Verhalten wir uns einmal richtig blasphemisch und lassen alle diese Gesetze – zum Beispiel die Aussage „Der Mensch ist ein Mensch, der Hund ist ein Tier" – außer Acht. Wir sammeln nur die Istwerte, von denen wir sicher wissen, dass sie zutreffen, und stellen sie zu neuen Profilen zusammen. Der erste Schritt ist also der Vergleich von Mensch und Hund. Lassen Sie uns nach Gemeinsamkeiten der beiden angeblich nicht vergleichbaren Gruppen suchen. Dabei fällt schon bei dem ersten Versuch, Vergleichbarkeiten zu benennen, sofort eine eklatante Übereinstimmung auf: Der Hund ist ein Säugetier und – zur Überraschung aller – der Mensch auch.

➡️ **Von dieser Betrachtung ausgehend, vergleichen wir von diesem Zeitpunkt an nicht mehr zwei vollständig differente Gruppen, sondern ein Säugetier mit einem anderen Säugetier.**

Geht man noch einen Schritt weiter, stellt man bei beiden Gruppen die identische Grundlage der Energieverwaltung fest: Das Säugetier verwaltet seine Energie immer nach den Kriterien der Effizienz.

➡️ **Beide handeln vorrangig nach Notwendigkeit.**

Damit kann man sagen, dass sowohl der Mensch als auch der Hund notwendigkeitsbezogene Lebewesen sind. Notwendigkeitsbezogenes Verhalten bedeutet, dass man genau so viel Energie in sein Handeln investiert, wie notwendig ist, um sein Ziel zu erreichen. Nicht weniger, nicht mehr.

Hinter dem Begriff der Notwendigkeit verbirgt sich noch ein weiterer wichtiger und gleichzeitig höchst interessanter Punkt: die **Vorteilsbezogenheit**. Auch dieses gemeinsame Motiv lässt sich ohne große Fachkenntnis bei der Beobachtung beider Parteien offensichtlich erkennen. Vorteilsbezogenheit bedeutet, dass man bei der Auswahl seines Handelns immer zuerst an den eigenen Vorteil denkt. Selbstverständlich. Dabei verstehe ich den Begriff des

Vorteilsdenkens nicht als die Erwartung einer materiellen Entlohnung oder einer verbalen Bestätigung des eigenen Handelns. Vorteilsbezogenheit bildet die Grundlage einer effizienten Entscheidung:

➡️ **Der sogenannte Vorteil ist immer der effizienteste Weg zu einem Ziel in der speziellen Situation, in der ich mich gerade befinde.**

Es gibt somit keine Aussage über einen generellen, einen immer gleichen Vorteil. Das betrifft sowohl den Menschen als auch den Hund. Je nach Situation kann die Vorteilsempfindung gänzlich unterschiedlich zur vorherigen sein. Findet man nach mehreren Tagen des Umherirrens durch die Wüste endlich eine Wasserstelle, wird man das als mehr als vorteilhaft empfinden. Wasser wird zum Köstlichsten, was man jemals zu sich genommen hat. Dennoch würde ich Wasser nicht generell vorteilhaft nennen. Wären Sie Passagier auf der *Titanic* gewesen, hätten Sie auf dieses eben noch so heiß ersehnte Element um jeden Preis der Welt verzichten wollen. Auch muss ein Vorteil in der Definition als Grundlage der Effizienz nicht immer angenehm sein. Es wäre falsch, von einer ausschließlich positiven Betrachtung auszugehen.

➡️ **Ein Vorteil steht immer für den effizientesten Weg – nicht immer für den leichtesten.**

An dieser Stelle fällt auf, dass wir bereits mehrere Möglichkeiten des Vergleichs zwischen Hund und Mensch gefunden haben. Nach der Betrachtung der „Sachkundigen", die dogmatisch gegen einen solchen Vergleich predigen, dürfte das eigentlich gar nicht möglich sein. Aber lassen Sie uns weitersuchen.

Ebenso auffällig wie das notwendigkeitsbezogene Handeln ist auch die Gewohnheitsliebe:

➡️ **Sowohl der Mensch als auch der Hund sind gewohnheitsliebende Lebewesen.**

Gewohnheiten zu bilden ist ebenfalls eine effiziente Handlung. Das Pflegen von bestimmten Gewohnheiten führt dazu, dass der eigene Körper bei nachweisbar wiederkehrenden Handlungen und Abläufen die Nachfrage, ob er diese wirklich ausführen soll, streicht. So muss nicht bei jedem sich wiederholenden Vorgang erneut Energie eingesetzt werden, um diesen zu analysieren. Ein anderer Name für Gewohnheit ist in dieser Definition des Begriffs auch das Wort „Unterbewusstsein".

Der größte Teil aller alltagsbegleitenden Handlungen wird bei einem Menschen genauso wie bei einem Hund vom eigenen Unterbewusstsein gesteuert. Ein weiterer Vergleichspunkt.

Eine weitere Übereinstimmung finden wir in der **Freiheitsliebe**: Mensch und Hund streben gleichermaßen nach Freiheit; sie ist ihnen ein Grundbedürfnis, ohne das sie nur äußerst ungerne leben. Beide Lebewesen lassen sich also von einem besonders stark ausgeprägten Streben nach persönlicher Freiheit leiten.

Die wohl auffälligste Gemeinsamkeit erscheint uns so vertraut, dass sie häufig kaum zur Bewertung herangezogen wird:

➡ **Hund und Mensch sind beide hochsoziale Säugetiere, die bevorzugt in familienähnlichen Verbänden leben.**

Sie werden in der Ordnung dieser Gemeinschaften selbst bei sorgfältiger Recherche kaum Unterschiede vorfinden. Wenn doch, dann sind diese Unterschiede individueller Natur.

Da ein Individuum auch in einer Gruppe ein Individuum bleibt, teilen beide – Mensch und Hund – auch das **größte Antriebsmotiv aller sozialen Säugetiere: Es ist die Anerkennung.** Das Bedürfnis, Anerkennung zu erfahren, steht für den Wunsch, für die eigene Bemühung erkannt zu werden. Ein Bestreben, das uns im größten Maße vergleichbar macht. Denn es ist weit über allen anderen Motiven anzusiedeln, die wir nutzen, um uns täglich zu verschiedensten Tätigkeiten zu motivieren.

Fassen wir also zusammen: Wir als Menschen stehen hier in einem Vergleich mit einem sozialen Säugetier, das nach Anerkennung strebt, vorteilsbezogen und notwendigkeitsorientiert, also effizient, handelt, freiheitsliebend ist und leidenschaftlich gerne Gewohnheiten bildet und diese in gleicher Art pflegt.

Deutlich fällt bei dieser Auflistung auf, dass ein Vergleich sogar mehr als notwendig war. Denn allein diese ersten Punkte machen schon klar, dass wir in den wichtigsten Eigenschaften nicht nur vergleichbar, sondern vollkommen identisch strukturiert sind. Eigentlich liegt das nahe, denn wir müssen in der Natur unter identischen Bedingungen überleben.

➡ Die hohe Anpassungsfähigkeit an widrigste Bedingungen ist bei beiden Gruppen außerordentlich ausgeprägt.

Wer zum Teufel ist eigentlich auf die Idee gekommen, dass man diese beiden kompatiblen Überlebenskünstler nicht vergleichen darf? Auf keinen Fall hat sich dieser Mensch Gedanken über die Folgen seiner Aussage gemacht.

Gehen wir noch einmal zur Ausgangssituation zurück. Der Mensch steht dem Handeln seines vierbeinigen Freundes nur deswegen so hilflos gegenüber, weil er davon ausgeht, dass dessen Antriebe grundlegend nicht mit seinen eigenen vergleichbar wären und er jede Form der eigenen humanen Erfahrungen und Empfindungen somit nicht als Vergleichspunkte anwenden dürfe. Damit hat man dem verzweifelten Hundehalter die Möglichkeit genommen, schnell und sicher – sprich: intuitiv – zu reagieren. Das würde jeden von uns ohnmächtig machen.

Sollten Sie an dieser Stelle der Meinung sein, dass zu wenige Punkte zum Vergleich standen, möchte ich Sie bitten, die Liste ruhig zu ergänzen. Oder wir verkürzen den Weg und suchen gemeinsam nach eklatanten nachweisbaren Unterschieden zwischen Hund und Mensch. Optik und Anatomie ausgeschlossen. Dass der Hund besser aussieht, muss ja nicht mehr bewiesen werden.

Wir dürfen bei dieser Aufführung natürlich nicht vergessen, bei der Betrachtung des Menschen die Gesamtheit aller seiner möglichen Facetten miteinzubeziehen, und nicht den Fehler zu machen, nur uns selbst als Maßstab zu sehen. Beziehen wir bei unserer Bewertung auch alle anderen Kulturen und Gesellschaftsformen mit ein, gerät unser Bild des Menschen als Krönung der Schöpfung mächtig ins Wanken, und wir erkennen schnell, wen man da gerade wirklich analysiert: das wohl gefährlichste Raubtier der Welt.

Was ihn trotz seiner körperlichen Defizite so gefährlich macht, ist gleichzeitig auch der einzige wichtige Punkt, den wir zur Unterscheidung heranziehen können: seine enorme Fähigkeit der Vorausschau und Planung. Würde er diese jetzt noch verantwortungsvoll verwenden, wäre er wahrlich das, für das er sich jetzt schon hält: **einzigartig!** ■

KAPITEL 2

DIE „ANDEREN" SIND WIR

■ Noch heute erinnere ich mich immer wieder gerne an die erste Begegnung mit Shakira. Kein Scherz, das war wirklich ihr Name! In der Begleitung dieser blonden, langbeinigen Schönheit betrat er meinen Schulungsraum. Mit jedem ihrer grazilen Schritte drückte sie aus, dass sie sich über ihre optische Wirkung in vollem Maße im Klaren war. Ihre selbstbewusste Ausstrahlung erfüllte den gesamten Raum. Auf meine Frage hin, was die beiden denn zu mir geführt habe, antwortete er, dass man mich empfohlen habe und er hoffe, dass ich ihm bei seinem Problem helfen könne. Um welches Problem es sich denn handele, wollte ich wissen.

➡ **„Sie ist dumm, sie befolgt meine Kommandos einfach nicht." (O-Ton)**

Er habe ihr schon tausendmal gesagt, was sie zu tun habe, aber sie würde es einfach nicht kapieren. Komisch wäre nur: Wenn sie selbst etwas wolle, dann hätte sie kein Problem mit dem Verstehen. Er vermutete einen genetischen Hintergrund. Shakira schaute nur gelangweilt und schwieg zu diesem geschilderten Sachverhalt. Das überraschte mich allerdings nicht wirklich. Aufgrund meiner langjährigen Erfahrung wusste ich, dass Afghanische Windhunde keine Freunde großer Worte sind. Und eben das war Shakira. Eine stolze Windhündin vom Stamme der Afghanen.

Betrachtet man den Menschen im Umgang mit seinem Hund, fällt bei genauem Hinsehen etwas sehr Merkwürdiges auf: Die Dinge, die er bei seinem Hund voraussetzt und von ihm erwartet, sind oft genau das Gegenteil von denjenigen, die er von sich selbst oder von einem anderen, ihm „gleichwertigen" Menschen erwarten würde. **Zu einem großen Teil bewertet der Mensch das Handeln seines tierischen Freundes komplett gegensätzlich zu seinem eigenen.** Er erwartet ein Verhalten, das demjenigen, welches er selbst gerne zeigt, vollkommen entgegengesetzt ist.

Gerät der Mensch in eine Konfliktsituation, versucht er – bevor er sich dem Konflikt stellt – erst einmal, mit vertrauten Strategien von dem Ereignis abzulenken und der schwierigen Situation auszuweichen. Erst wenn ihm das nicht gelingt, beginnt er, sich mit dem Unvermeidlichen auseinanderzusetzen. Je nach individueller Erfahrung nutzt er nun sein erlerntes Konfliktmanagement, um das Problem zu lösen. Jede Form von unerwarteter Veränderung wird hierbei bereits als Konflikt empfunden.

Der Hund zeigt in solchen Situationen ein identisches Verhalten. Allerdings wird bei ihm nicht vorausgesetzt, dass sein Lösungsansatz dem unsrigen gleichen könnte. Auch er versucht zu Beginn, dem Unbekannten auszuweichen und von dem Vorgang abzulenken. Um abzulenken, beschäftigt er sich mit vermeintlich extrem wichtigen Nebensächlichkeiten und hofft, dass der „bittere Kelch" an ihm vorübergeht. Dies geschieht frei nach dem Motto: „Einfach mal die eigenen Augen zuhalten in der Hoffnung, dass einen niemand sieht."

Der Mensch kennt so ein Verhalten eigentlich von sich selbst:

➡️ **Wir verschließen gerne die Augen vor potenziellen Konfliktsituationen, um ihnen auf diese Weise auszuweichen.**

Der Halter, der dieses eigentlich vollkommen mit ihm selbst vergleichbare Vorgehen bei seinem Hund beobachtet, sieht darin jedoch nicht den Hinweis auf ein identisches Verhalten, sondern unterstellt dem Hund genau aufgrund dieses „Lösungsansatzes" – dem Ausweichen und Augenverschließen –, dass er nicht in der Lage wäre, Konflikte selbstständig zu lösen. Die Begründung ist oft, dass dem Hund sowohl der Intellekt als auch die Fähigkeit fehle, sich über einen längeren Zeitraum zu konzentrieren.

Der Mensch geht also davon aus, dass der Hund aufgrund seines Anders-Seins Opfer der äußeren Reize sei, denen er nicht widerstehen könne. Das wiederum begründet man mit seiner tierischen Instinkthaftigkeit und schließt damit aus, dass es sich bei der Ausweichhandlung des Hundes wie bei dem Menschen um eine Konfliktbewältigungsstrategie handeln könne. Man geht davon aus, dass in dem Verhalten des Hundes keine bewusste Absicht zu erkennen sein könne. Dies führt zu einer weiteren Schlussfolgerung: Unterliegt dem Vorgehen unseres Gegenübers keine Absicht, können wir es selbstverständlich nicht für sein Handeln verantwortlich machen. Nun nimmt das Schicksal seinen Lauf.

➡️ Ist jemand in unseren Augen nicht verantwortlich für sein Handeln, empfinden wir die Verpflichtung, ihn vor sich selbst zu schützen. Faktisch sehen wir uns gezwungen, ihn zu kontrollieren.

Selbstverständlich nur zu seinem Wohl und zu seiner Sicherheit. Das eigentliche Problem besteht darin, dass der Hund dieses Verständnis unserer ach so gut gemeinten Fürsorge nicht teilt.

Noch einmal zur Erinnerung: Sowohl der Mensch als auch der Hund benutzen deutlich sichtbar für den Betrachter einen identischen Lösungsansatz. In potenziellen Konfliktsituationen versuchen sie zunächst, diesen durch Verleugnen des Problems auszuweichen. Es bestünde somit keinerlei Grund, unser Gegenüber einzuschränken und es aufgrund des eigentlich deckungsgleichen Verhaltens als uns unterlegen anzusehen.

➡ **Der Wahrnehmungsmangel, der die Kette von weiteren Missverständnissen auslöst, geht eindeutig auf das Konto des fehlerhaften Blickwinkels des Menschen.**

Aber keine Angst – Gott sei Dank ist der Hund tolerant. „Menschen sind halt nicht so intelligent, aber eigentlich ganz nett."
Vielleicht ist Ihnen bereits aufgefallen, dass auch in dieser Schilderung der Austausch der Akteure möglich wäre. Oder Sie haben bereits beim Lesen innerlich die Rollen von Halter und Hund mit Ihnen vertrauten oder bekannten Charakteren besetzt. Das wäre keinesfalls überraschend, da die Beurteilungsfehler, die in unserem Beispiel zu grundlegenden Kommunikationsproblemen geführt haben, absolut deckungsgleich mit denen sind, die sich täglich und unbemerkt in der Bewertung unseres humanen Umfeldes in unsere Wahrnehmung schleichen.
Wenn wir uns einmal selbst beobachten, wie wir im Umgang mit anderen Menschen kategorisieren, zuordnen

und beurteilen, werden wir feststellen, wie häufig es uns passiert, dass wir jemanden geringer als uns selbst einschätzen. Spätestens wenn wir bemerken, dass wir uns nur ungern in den Vergleich mit dieser anderen Person setzen, ist es schon wieder passiert.

Erst kürzlich konnte man in einem Wirtschaftsmagazin ein Interview mit einem renommierten Psychologen lesen, in dem er über die Installierung von Kontrollstrukturen in Unternehmen berichtete. Er stellte dar, dass die besondere Problematik darin bestünde, dass es in großen Unternehmen viele Mitarbeiter mit unterschiedlichen Bildungshintergründen gebe. Was der eine als vollkommen normale Kontrolle empfinde, wirke auf den anderen krass bevormundend. Das hört sich erst einmal vernünftig an.

Aber Moment einmal, unterschiedliche Bildungshintergründe sollen für die unterschiedliche Empfindung von Kontrolle verantwortlich sein? Interessant. Ein Mensch welchen Bildungshintergrundes hat sich das wohl ausgedacht? Für sehr viel wahrscheinlicher halte ich die Möglichkeit, dass die verschiedenen Bildungsstände Kontrolle im gleichen Maße ablehnen, sich somit gar nicht in ihrer Empfindung unterscheiden. Sie verbalisieren diesen Umstand nur unterschiedlich. Für diese Interpretation müssten wir allerdings bereit sein, unser Gegenüber als gleichwertig zu sehen. Dafür müssten wir den Vergleich zulassen. Denn nur allzu schnell passiert es uns, jemanden anders einzuordnen (hier über die Bildungshintergründe) und für ihn auf dieser Grundlage Einschränkungen zu legitimieren, die wir für uns selbst nie akzeptieren würden.

➡ **Wir sollten bedenken, dass wir nicht nur zuordnen, sondern auch permanent zugeordnet werden: Die „Anderen" sind wir!**

Wenn wir richtig wahrgenommen werden wollen, dürfen wir nicht aufhören, den Vergleich zu suchen und einzufordern.

Möglicherweise beginnen Sie bereits, sich in manch einer der Beschreibungen wiederzuerkennen, aber seien Sie gewiss, es besteht dennoch kein Grund zur Sorge.

➡ **Das Bedürfnis, alles um uns herum in unterschiedliche Kategorien einzuordnen und gegebenenfalls auch zu reduzieren, ist vollkommen normal. Es dient der eigenen Sicherheit und ist unter den meisten Umständen hocheffizient.**

Der Organismus des Säugetieres – und somit auch der unsrige – ist so ausgerichtet, dass er selbst unter extremsten Bedingungen überleben kann. Damit ihm das gelingt, hat sich die Natur etwas Geniales ausgedacht: Unser Organismus versucht, wo immer es möglich ist, Energie zu sparen. Mitunter die größten Energieverbraucher im alltäglichen Leben sind das Bewerten und das Analysieren der permanent auf uns einströmenden Informationen unserer Umwelt. Es müssen Entscheidungen getroffen werden. Bei jeder dieser Entscheidungen begleitet uns auch immer die Angst vor einer Fehlentscheidung. Das Wissen, dass eine solche Entscheidung wirtschaftliche, persönliche oder gesundheitliche Nachteile verursachen oder unter schlechtesten Bedingungen sogar den Tod nach sich ziehen könnte, macht die Sache für uns nicht leichter. Somit ist unsere Fähigkeit der großen Vorausschau in dieser Situation eher unser größter Fluch.

Eigentlich möchten wir Entscheidungen so häufig wie möglich vermeiden. Dieses Bestreben könnte man als die Ursache unseres großen Bedürfnisses, Dingen einen Namen zu geben und sie in Gruppen einzuteilen, sehen. Diese Form von Einteilung erspart uns bei wiederholtem Kontakt mit bereits erlebten Erfahrungen den Aufwand einer erneuten Analyse. Somit reduzieren wir die Anzahl zukünftiger Entscheidungen und natürlich auch die Gefahr der Fehlentscheidungen.

➡ Etwas benennen zu können gibt uns das Gefühl von Sicherheit.

Festlegungen werden in Vorurteile umgewandelt und erleichtern uns somit in einem außerordentlichen Maße den Alltag beziehungsweise machen ein Überleben in diesem überhaupt erst möglich. In vielen Fällen treten Informationsanforderungen so spontan auf, dass nur ein Handeln ohne vorherige Analyse unsere Existenz sichern kann. Somit könnte man das Vorurteil an sich als wichtigen Bestandteil unseres Unterbewusstseins klassifizieren. Im Vergleich zum Bewusstsein, das bei jeder Entscheidung eine genaue Analyse benötigt, ist das Unterbewusstsein bei direkter Notwendigkeit in der Lage, ohne zu zögern auf bereits vorhandene Lösungen zuzugreifen. Wir nennen solche Handlungen Intuition. Einfach genial.

So weit die Theorie. In der täglichen Praxis sieht das Ganze jedoch anders aus. Denn nicht nur die Möglichkeit einer Fehlentscheidung, auch diejenige einer fehlerhaften Festlegung ist nicht ausgeschlossen. Eine der am häufigsten auftretenden Fehlerquellen beruht dabei bereits auf der allerersten Zuordnung: derjenigen unserer eigenen Person.

➡ **Aus der Angst heraus, dass das uns Unbekannte auch immer eine Gefahr für uns bergen kann, suchen wir die Möglichkeit der Abgrenzung, sprich: unsere eigene Identität.**

Können wir unseren vermeintlichen Konkurrenten nicht einschätzen, besteht für uns immer die Gefahr der eigenen Unterlegenheit. Um dieses Risiko von vornherein auszuschließen, vermeiden wir den Vergleich mit ihm. Stattdessen stellen wir unsere eigenen Vorzüge dermaßen in den Vordergrund, dass diese einzigartig und somit nicht vergleichbar erscheinen. Dieses Vorgehen könnte man Selbsterhöhung oder Selbstanhebung nennen. Ab diesem Zeitpunkt sprechen wir von dem „Anderen". Aus der neuen Perspektive, die wir für uns selbst geschaffen haben, schauen wir nun auf ihn herab und betrachten ihn und seine Bedürfnisse nicht auf Augenhöhe. Wir gestehen diesem Gegenüber zwar generell Bedürfnisse zu, stellen sie aber nicht mehr mit den eigenen gleich.

Jetzt müsste folgerichtig jedes Individuum den Kontakt mit den anderen meiden und einsam durch die Steppe ziehen. Ein trauriges Schicksal. Zum Glück haben wir aber schon früh die Vorzüge größerer Gemeinschaften erkannt. Wir denken ja schließlich vorteilsbezogen.

GEMEINSAM SIND WIR STARK

Das Leben in einer Gemeinschaft stellt schon von Urzeiten an eine der erfolgreichsten Formen der Existenzsicherung dar.

**Obwohl das allgemeine Handeln des Menschen stets egois-
tisch auf den eigenen Vorteil ausgerichtet ist, hat er trotzdem das große Bestreben, Mitglied einer Gruppe zu sein.**
Die Gruppe bietet Schutz, und die Bündelung verschiedener
Fähigkeiten garantiert einen größeren Erfolg bei der Nah-
rungsbeschaffung. Auch der Aspekt der Fortpflanzung sollte
hier nicht vergessen werden. Damit uns eine Kooperation mit
den „Anderen" gelingt, suchen wir zu Beginn nach kompatiblen Schnittmengen bei unserem auserwählten Gegenüber.
Auffällig dabei ist folgende Tatsache: Wenn ein Bündnis für
uns vorteilhaft erscheint, sind wir durchaus bereit und auch
in der Lage, vorherige Vorurteile in Frage zu stellen und unsere zukünftigen Verbündeten erneut zu bewerten. Den Aufwand, die bereits unterbewussten Abgrenzungen aufzulösen,
nehmen wir gerne in Kauf, wenn wir einen eigenen Nutzen
erkennen.

➡ **Vorurteile zu verändern ist jederzeit möglich. Es ist
nur eine Frage des Wollens, nicht aber eine Frage des
Könnens.**

Wir sind also bereit, eine Gemeinschaft zu bilden. Die erste
Form einer Gruppe ist in der Regel immer eine Paarkonstel-
lation. In dieser Verbindung geben wir unsere Individualität
nicht auf, sondern bündeln unsere Fähigkeiten, um gemein-

same Ziele zu erreichen. Schon bei dieser ersten Gemeinschaft, die wir bilden, erkennt man alle Mechanismen einer
späteren Gesellschaft. Deutlich fällt das Bedürfnis auf, sich
nach außen als verschworene Einheit darzustellen und sich
durch eigene Rituale von den „Anderen" abzugrenzen. Diesen Zweierverband können wir bei Notwendigkeit beliebig
erweitern. Alle Dynamiken, die wir zuvor verwendet haben,
um uns als Individuum vor dem uns Fremden zu schützen,
übertragen wir jetzt auf den gesamten Verband in Abgrenzung zu anderen Gruppen. Nur die Mitglieder unseres neuen
Bundes betrachten wir als gleichwertig.
Bemerkenswert ist dabei folgende Erkenntnis:

➡️ **Wenn wir das Bedürfnis haben, Mitglied eines Verbandes zu werden oder jemanden in unseren Verband
zu integrieren, können wir durchaus die Bereitschaft
entwickeln, ausschließlich nach Gemeinsamkeiten mit
unserem Favoriten zu schauen und die Unterschiede
großzügig zu übersehen. Wollen wir jemanden aber
ausschließen oder nicht hereinlassen, verhält es sich
genau umgekehrt.**

Aufgrund seiner Andersartigkeit legitimieren wir unsere
Ablehnung gegenüber demjenigen, den wir nicht in unsere Gemeinschaft aufnehmen wollen. Haben wir erst ein-

Kinder, Hund, Geschwister Familie

mal den Kreis um unsere Gruppe geschlossen, fällt es uns schwer, die „Außenstehenden" mit unserem eigenen Maßstab zu bewerten. Wenn wir sie jetzt beobachten, erkennen wir keine Gemeinsamkeiten mehr, sondern registrieren ausschließlich die uns trennenden Unterschiede. Der Andere könnte nun zwar ein mit unserem eigenen Verhalten identisches Handeln an den Tag legen, doch durch unsere Festlegung nehmen wir es nicht mehr wahr, sondern sehen mitunter sogar Gegenteiliges. Man könnte sagen, dass das eine denkbar ungünstige Ausgangssituation ist, um mit dem Anderen auf Augenhöhe kommunizieren zu können. Diesen Umstand darf man getrost als Ursache aller menschlichen Differenzen bezeichnen.

Denn: **Es ist nur schwer möglich, sein Gegenüber in einer Auseinandersetzung zu verstehen, wenn man ihm zuvor seine Unterschiedlichkeit attestiert hat und auch nur noch diese in seinem Handeln erkennen kann.**

Erinnern wir uns an Shakira ...

KAPITEL 3

EIN GUTER HUND SPRINGT NUR SO HOCH, WIE ER MUSS

■ Wenn wir den Hauptgrund des Scheiterns mehrerer eigentlich brillanter Führungskonzepte anschauen – und davon gibt es wirklich viele –, werden wir in den meisten Fällen erkennen, dass sie bei aller Genialität immer wieder ein und dieselbe Schwachstelle aufweisen:

➡ **Man hat versäumt, sich den Betroffenen, dem alle diese gut gemeinten Bemühungen zugutekommen sollen, genauer anzuschauen.**

Beziehungsweise wurden vorhandene Erkenntnisse oder Annahmen über ihn ungeprüft übernommen und – davon ausgehend, dass diese der Richtigkeit entsprechen würden – als Basis aller weiteren Überlegungen verwendet. Stellt sich nun im Nachhinein heraus, dass genau diese Basis nachweislich einer fehlerhaften Betrachtung unterlag, sind folgerichtig natürlich alle daraus entwickelten Rückschlüsse – und seien sie auch noch so brillant – fehler- bzw. zweifelhaft.

**➤ Die wichtigste Voraussetzung erfolgreicher Führung
beruht daher immer auf der Fähigkeit, sein Gegenüber in dessen Motivation richtig einschätzen zu
können und somit seine Antriebe zu kennen.**

Oder einfacher gesagt: „Der Bauer erkennt seine Schweine
am Gang."

Die Folgen dieses nur allzu beliebten Grundlagenfehlers,
jemanden ohne weitere Analyse vorschnell zu kategorisieren, lassen sich in der Beobachtung der Hundeausbildung
besonders anschaulich sichtbar machen. Auch hier ist dieser
beliebte erste Fehler die Ursache aller späteren Missverständnisse. Dabei wird Ihnen wahrscheinlich auffallen, dass einem
die zum Teil äußerst irritierenden Rückschlüsse der Prota-
gonisten der mitunter witzig anmutenden Erzählungen aus
meinem „Hunde"-Alltag oft irgendwie vertraut vorkommen.
Wir treffen hier teilweise auf dermaßen absurde Schlussfol-
gerungen, dass man am Ende den Eindruck gewinnen könnte, das einzig intelligente Lebewesen in dieser Posse wäre der
Hund.

**➤ Dabei wären die ganzen Irrungen und (Ver-)Wirrun-
gen ganz einfach aufzuklären, wenn man sich nur
einmal zuvor die Zeit nehmen würde, die sogenannten Istwerte genauer anzuschauen.**

Wie wir mittlerweile wissen, ist das Säugetier allgemein ein nach Notwendigkeit handelndes Lebewesen. Diese Notwendigkeitsbezogenheit möchte ich im Folgenden etwas näher beleuchten, denn allein die Berücksichtigung dieser simplen Feststellung würde uns schon enorme Einblicke in die Entscheidungsgrundlagen unseres Gegenübers ermöglichen. Des Weiteren sucht es nach Anerkennung und hat ein großes Bestreben nach Freiheit. Das dürfte Ihnen jetzt gar nicht so unbekannt vorkommen. Klingt doch irgendwie nach jemandem, den wir sehr gut kennen.

Lassen Sie uns einmal das anfängliche Versäumnis bei der Betrachtung unseres Gegenübers unter Zuhilfenahme unserer bereits neu erworbenen Erkenntnisse aus dem vorhergegangenen Kapitel nachholen und überprüfen, ob unsere Ergebnisse die gleichen wie zuvor sein werden.

➡️ **„Ein gutes Pferd springt nur so hoch, wie es muss, nicht höher."**

Dieses bekannte Sprichwort weist auf die Selbstverständlichkeit hin, mit seiner Energie sorgfältig zu haushalten. Wir verwenden es immer dann sehr gerne, wenn wir einem übereifrigen Zeitgenossen mitteilen möchten, dass seine in unseren Augen unangemessen hohe Aktivität das zu erwartende Ergebnis nicht beeinflussen wird. Damit fordern wir ihn auf, sich effizient zu verhalten und seine Ressourcen zu schonen. Man kann ja nie wissen, wofür man diese noch braucht.

Effizienz ist der Begriff, der in der Natur über Existenz oder Tod entscheidet. Die Überlebenschancen eines Lebewesens, das nicht nach Notwendigkeit handelt, sind gleich null. Gerade im Verhalten des Hundes ist in besonderem Maße dieses Effizienzstreben deutlich zu erkennen. Er handelt so wie wir ausschließlich nach Notwendigkeit. Paradoxerweise unterstellt man ihm aber zeitgleich eine Laufbedürftigkeit. Das heißt: Er schont seine Energiereserven zwar einerseits, wann immer er kann, muss aber andererseits – so die Annahme – dennoch unentwegt in Bewegung sein. Klingt etwas widersprüchlich: Die zweite Aussage hebt die erste auf. Aber es kommt noch viel besser. Aufgrund seiner Erfahrung – insbesondere aufgrund der Kenntnis über die unendlich vielen Gefahren des Alltags – möchte der Hundehalter seinem Hund beibringen, auf Zuruf so schnell wie möglich zu ihm zurückzukommen. Natürlich dient diese Absicht ausschließlich der Sicherheit des Hundes. Wenn sich dieser nicht entsprechend verhält, steht der Mensch oft ratlos da. Dass dem Hund wiederum all die Gefahren, die der Halter zur Rechtfertigung seines Unterfangens heranzieht, keineswegs bekannt sind, wird dabei völlig außer Acht gelassen. Denn nachweislich ist der Hund aufgrund seines deutlich geringeren Lebensalters (das ist übrigens ein Istwert) eindeutig weniger erfahren als sein humanes Gegenüber, weswegen er andere Schwerpunkte setzt, was die „Notwendigkeit" bestimmter Handlungen anbelangt.

Ich behaupte, dass ein mindererfahrenes Lebewesen schon einmal auf die eine oder andere noch nicht vollständig ausgereifte Idee kommen und die Folgen seines Handelns nicht immer in Gänze voraussehen kann. Das wissen wir wohl alle aus eigener Erfahrung. Sollte meine Behauptung die Untermauerung eines Experten benötigen, verweise ich an dieser Stelle gerne auf meine Mutter. Sie kann Ihnen ein Lied davon singen.

Wir können also unter Bezugnahme des Istwertes „Lebensalter" Folgendes feststellen: Der Hund ist ein im Vergleich zu uns mindererfahrenes Lebewesen, das sich bei all seinen Entscheidungen an seinen für ihn selbst zu erkennenden Notwendigkeiten orientiert, nach Anerkennung sucht und ein immenses Bestreben nach Freiheit hat. So weit, so gut. Das bedeutet gleichzeitig, dass der Hund die Notwendigkeit seines Handelns aufgrund noch fehlender Erfahrungen höchstwahrscheinlich anders beurteilt als sein deutlich erfahrenerer Halter. Eigentlich nachvollziehbar.

➡ **Unerfahrenheit bedeutet nicht zwangsläufig mindere Intelligenz.**

An dieser Stelle möchte ich darauf hinweisen, dass auch in der humanen Diskussion gerne der Umstand der Mindererfahrung übersehen wird. Es ist sehr wohl möglich, dass unser Gesprächspartner vollkommen von dem Inhalt seiner Aussage überzeugt ist, allerdings aufgrund einer Mindererfahrung bestimmte Faktoren nicht in seine Betrachtung miteinbeziehen kann, die wir selbst aufgrund unserer vielleicht größeren oder anderen Erfahrung heranführen können. Es fehlt ihm ganz einfach an Informationen. Dennoch besteht er auf der Richtigkeit seiner Betrachtung und sieht eine absolute Notwendigkeit in seinen Handlungen. Wie schnell sind wir in einer solchen Situation nur allzu leichtfertig bereit, unserem Gegenüber seine geringere Intelligenz zu bescheinigen.

➡ Dabei stellt das größte Problem der Umstand dar, dass ein Mindererfahrener fast nie weiß, dass er mindererfahren ist.

Er selbst geht zu jedem Zeitpunkt davon aus, „Quell des Wissens" zu sein. Genau an dieser Stelle ist unsere eigene Erfahrung besonders gefragt: Wir können unser Mehrwissen dazu verwenden, einen unnötigen Konflikt zu vermeiden. Mit ein wenig Fingerspitzengefühl statten wir unser Gegenüber mit dem noch fehlenden Wissen aus und ermöglichen ihm auf diese Weise, unserer Betrachtung ohne Gesichtsverlust zu folgen.

Man könnte auch sagen: **Der Klügere gibt nach – er gibt Wissen nach!** Es könnte so einfach sein. Ist es aber nicht. Wie gesagt: Um mit jemandem kommunizieren oder ihn richtig einschätzen zu können, ist es von Vorteil, seine sogenannten Istwerte zu kennen. Kehren wir doch noch einmal zu dem Vorhaben unseres Hundehalters zurück. In der Annahme, er würde bereits alles über seinen Hund wissen, hat er genau diese Istwertanalyse außer Acht gelassen und sein Gegenüber lediglich als „anders" eingestuft.

Er geht nun nicht mehr davon aus, dass der Hund – so wie er selbst – ausschließlich nach Notwendigkeit handelt, sondern hofft, dass dieser – die gute Absicht des Menschen erkennend – auf ein Kommando, das er ihm nachruft, freudig alles stehen und liegen lässt und auf dem schnellsten Wege zu „seinem Menschen" eilt. So war der Plan, aber die Hoffnung stirbt bekanntlich immer zum Schluss!

Der erste Irrtum, dem er hier unterliegt, besteht schon darin, den Istwert „Unerfahrenheit" nicht berücksichtigt zu haben. Wenn ein Hund aufgrund einer geringeren Erfahrung – etwa mit den alltäglichen Gefahren – nicht den Grund einer Aufforderung erkennt, wird er auch zwangsläufig keinen Vorteil oder gar eine Notwendigkeit in einem eigenen spontanen Handeln – in diesem Fall zu seinem

Halter zurückzueilen – erkennen können. Wieso auch? Er hat ja gerade vielleicht etwas viel Besseres zu tun.

Dass der Mensch aber noch einen weiteren wichtigen Istwert übersehen hat, kommt ihm dabei nicht in den Sinn: die Notwendigkeitsbezogenheit.

➡ **„Selbsterkenntnis ist eine Tugend, die von den Menschen am schwersten erkämpft werden muss."**

Diese fernöstliche Weisheit bringt es auf den Punkt: Nur wenn man sich selbst versteht, ist man auch in der Lage, den „Anderen" zu erkennen. Manchmal sind für uns die Dinge so selbstverständlich, dass wir sie uns gar nicht mehr bewusst machen und wir versäumen, sie bei unserem Gegenüber ebenfalls vorauszusetzen. Wir erkennen nicht, dass für ihn die gleichen Regeln gelten.

Die Grundlagen des eigenen Handelns zu kennen stellt sich also als enormer Vorteil heraus. Eine dieser Grundlagen ist folgende: **Die Notwendigkeit ist der Schlüssel zum Weg aller unserer Entscheidungen.**

Notwendigkeitsbezogenes Verhalten bedeutet, dass wir, bevor wir eine Entscheidung treffen, immer erst den Vorteil dieser Handlung für uns überprüfen. Wie bereits erwähnt, ist der Vorteil aber nicht unbedingt materieller Natur, sondern stellt den effizientesten Weg zum Ziel dar – und das individuell für die jeweilige Situation, in der wir uns gerade befinden. Dabei entscheiden wir nicht nur, was zu tun ist, sondern auch, wie viel Energie wir dafür einsetzen wollen.

Diese Art des Vorgehens nennen wir „bewusste Entscheidung" oder auch „Bewusstsein". Im Alltag benötigen wir das Bewusstsein für alle Situationen, die wir zum ersten Mal erleben und daher ganz neu bewerten müssen. Die Analysen solcher erstmaligen Ereignisse kann man als die energieaufwendigsten bezeichnen.

Daneben erkennen wir auch die wiederkehrenden Abläufe bereits bekannter Ereignisse. Abhängig von Ort, Zeitpunkt beziehungsweise Außenreizen kann der Ausgang dieser sich wiederholenden Ereignisse im Ergebnis jedes Mal variieren. In diesem Fall können wir zwar Fragmente bereits gemachter Erfahrungen aus der Vergangenheit übernehmen, müssen sie aber – je nach Anforderung der jeweiligen Situation – jedes Mal neu zuordnen.

➡ **Diese enormen Anstrengungen, die wir kontinuierlich leisten müssen, machen es deutlich, warum unser Bewusstsein möglichst viele Entscheidungen „outsourcen" – also auslagern – möchte.**

Auf der einen Seite steht das bereits erwähnte Risiko der Fehlentscheidung und der möglicherweise damit verbundenen nachteiligen Folgen. Auf der anderen Seite steht die Erkenntnis, dass unser Bewusstsein in der Verarbeitung parallel auftretender Anforderungen nur in der Lage ist, eine nach der anderen abzuarbeiten beziehungsweise zwischen den Anforderungen hin und her zu springen. Treten zwei oder mehrere wichtige Informationen zeitgleich auf, müssen wir das, was wir gerade beobachten, verlassen, die neue Anforderung erfassen und analysieren und unter Umständen eine neue Entscheidung treffen, um danach wieder zu der ersten Information zurückzukehren. Um diese erneut zu analysieren.

Diese, nennen wir sie einmal Bewusstseinssprünge, sind der Grund, warum wir Aufgaben oder Handlungen, die neu für uns sind, als extrem anstrengend empfinden und uns daher lieber an gewohnten Abläufen – sprich Gewohnheiten – festhalten. Das Problem, das wir dabei erkennen können, besteht darin, dass fast zu jedem Zeitpunkt in unserem Alltag zeitgleich aus allen Richtungen unseres Umfeldes Reize auf uns einströmen, die alle ausgewertet werden müssen. Die meisten von ihnen sind für uns von geringer Bedeutung – sie werden lediglich registriert und sofort wieder verworfen. Andere kündigen sich im Vorfeld an und werden analysiert, sie lassen uns genug Raum für zukünftige Entscheidungen. Die für uns brisantesten aber sind diejenigen Anforderungen, die ohne vorherige Ankündigung auftauchen und uns keine Zeit zur

Bewertung lassen, sondern uns zu einer sofortigen Reaktion zwingen.

Um diese zum Teil auch lebensbedrohlichen Belastungen meistern zu können, betritt nun unser Spezialist für das Spontane die Bühne: unser Unterbewusstsein.

➡ **Wie in einem guten Western – getreu nach dem Motto „Erst schießen, dann fragen" – erledigt unser Unterbewusstsein für uns alle Aufgaben, die uns attackieren, während wir parallel in einem bewussten Prozess eingebunden sind.**

Nur durch das Unterbewusstsein ist es uns überhaupt möglich, unseren Alltag zu bestreiten. Denn obwohl wir natürlich fest davon überzeugt sind, dass wir alle oder zumindest den größten Teil unserer Entscheidungen bewusst tätigen, unterliegen wir auch hier einem großen Trugschluss: In Wahrheit übernimmt zu circa 90 Prozent unser Unterbewusstsein die Abwicklung aller anfallenden Aufgaben. Sollte Sie jetzt das Gefühl beschleichen, ein fremdgesteuertes, nicht seiner eigenen Sinne mächtiges Wesen zu sein, kann ich Sie beruhigen. Denn das Unterbewusstsein ist eine geniale Konstruktion, die vorrangig in unserem Sinne handelt. Es sammelt alle unsere bereits erlebten Erfahrungen und ist ständig bemüht, wiederkehrende Ereignisse nach genauer

Überprüfung in für uns effiziente Routinen umzuwandeln: die Vor-Urteile.

Auch wenn der Begriff „Vorurteil" in unserem Sprachgebrauch negativ geprägt ist, kann man ihn dennoch sehr positiv interpretieren. **Denn genau diese „Vorurteile" sind es, die es uns ermöglichen, bei spontanen Anforderungen intuitiv die richtigen Lösungen zu finden.** „Intuition" nennt man den Teil des Unterbewusstseins, der uns immer hintergründig anspricht, wenn wir überraschend auf vertraute oder dem Vertrauten ähnliche Ereignisse stoßen. Aus dem riesigen Archiv bereits erlebter Erfahrungen bietet uns unsere Intuition ohne zu zögern die ideale Reaktionsstrategie an. Man nennt sie auch gerne die „innere Stimme" oder das „Bauchgefühl".

Es ist also keine imaginäre Person in Ihrem Kopf oder gar Ihr Bauch, der mit Ihnen spricht. (Wäre das tatsächlich der Fall, würde ich Ihnen empfehlen, schnell das Buch aus der Hand zu legen und einen guten Arzt aufzusuchen.) Nein, es ist Ihr Unterbewusstsein und somit Sie selbst. **Also vertrauen Sie ruhig dieser ersten Stimme. Sie können noch so lange suchen, Sie werden niemanden finden, der in einem vergleichbaren Maße an Ihrem Wohl interessiert ist.**

Ich stimme Ihnen zu, wenn Sie jetzt anmerken, dass unter ungünstigen Umständen auch negative Vorurteile gebildet werden können – nämlich diejenigen, die sich im Nach-hinein als falsch herausstellen und uns dazu verleiten, eine Situation oder ein Gegenüber nicht korrekt, unter Umstän-den auch unfair einzuschätzen. Allerdings ist die Berücksich-tigung dieses Wissens schon der Schlüssel zur Beseitigung dieses möglichen Mangels. Denn es heißt nicht umsonst:

➡️ **Gute Führung handelt immer intuitiv, aber reflektiert grundsätzlich ihre Entscheidung im Nachhinein.**

Damit erhält sie sich die Fähigkeit, einerseits schnell und si-cher reagieren zu können, andererseits aber trotzdem in der Lage zu sein, eventuelle Fehlbeurteilungen zu erkennen und diese in zukünftigen Entscheidungen zu berücksichtigen. Aus der wiederholten Anwendung dieser überarbeiteten und vorübergehend bewussten Wahrnehmung bildet unser Unterbewusstsein dann wieder neue, diesmal aber positive, da zutreffende Vorurteile.

➡️ **Hören Sie nie auf zu hinterfragen! Wer aufgehört hat zu fragen, hat aufgehört, gut zu sein!**

Im Vergleich zum Bewusstsein stellt das Unterbewusstsein keine Fragen. Im Zusammenhang mit der Betrachtung der Notwendigkeit ist das Unterbewusstsein die konsequente

Fortsetzung unseres Effizienzbestrebens: Prozesse, welche die unterbewusste Ebene erreicht haben, werden immer ohne vorherige Analyse beziehungsweise Nachfrage ausgeführt.

Neben dem Effekt der Energieersparnis dürfen wir aber auch einen weiteren Aspekt nicht aus den Augen lassen: die Sicherheit. Eines der weiteren Grundbedürfnisse aller Säugetiere. Je mehr Routinen wir geschaffen haben, umso sicherer meistern wir Belastungen. Wir fühlen uns wohl. **Es gibt kaum etwas, das uns mehr verunsichert, als in einer Stresssituation zwischen vielen möglichen Lösungsoptionen entscheiden zu „dürfen".** In solchen Fällen verzichten wir in der Regel nur allzu gern auf unsere ansonsten so hoch gepriesene Möglichkeit der Wahl. Eindeutigkeit ist hier angesagt.

Der Begriff „Stress" steht in meiner Definition für jede Form der unerwarteten Veränderung unserer „normalen" Abläufe, egal ob positiv oder negativ. Veränderung bedeutet, dass wir unsere vertrauten Pfade verlassen und den unsicheren Weg der Entscheidung nehmen müssen. Sosehr wir auch die freie Entscheidung favorisieren, birgt sie auch immer die Gefahr des Verlustes. Das Vorhandene verlieren zu können verunsichert uns. Wir sprechen auch von Unwohlsein. Wenn die Belastung höher und höher ansteigt, kann sich die Unsicherheit in Angst verwandeln. Diese wiederum schränkt unsere Entscheidungsfähigkeit weiter ein. Sehen wir keinen Ausweg mehr, sprechen wir von einer Überlastung. Die Angst wird zur Panik. In der Panik reagiert unser Körper immer instinktiv: Er aktiviert unseren angeborenen Fluchtreflex. Ist dieser aufgrund der Umgebung oder anderer Bedingungen nicht ausführbar, schaltet unser Körper notgedrungen in den Angriffs- bzw. Verteidigungsmodus. Bleibt ihm keine der beiden Alternativen, fällt er in die Schockstarre. Er gibt sich auf beziehungsweise ergibt sich seinem Schicksal.

In diesem Zusammenhang erinnere ich mich an ein Erlebnis, das einem guten Freund widerfahren ist. Nach Abschluss seines anstrengenden Psychologiestudiums wollte er sich mit seiner damaligen Freundin eine Auszeit in den Wäldern Kanadas gönnen. Noch einmal ein Abenteuer erleben, bevor man sich in die Tretmühle des beruflichen Alltags begibt. Im Vorfeld versuchte ich, ihn noch von seinem Vorhaben, ohne einen Guide auf eigene Faust die Wildnis zu erobern, abzubringen. Seine bisherigen Erfahrungen in der „Wildnis" beschränkten sich ausschließlich auf das Umland von Soest. Alle Bemühungen in diese Richtung waren allerdings vergebens. Denn er hatte schließlich die Abenteuerromane Jack Londons gelesen und war somit bestens vorbereitet. Zu allem Überfluss war man ja auch durch das Survival-Seminar „Unerkannt durchs Sauerland" der örtlichen Volkshochschule faktisch überqualifiziert. Die Möglichkeiten eines eher „unwahrscheinlichen" Kontaktes mit einem Grizzlybären waren natürlich auch mit einkalkuliert. Speziell für diese Begegnung hatte mein Freund mit dem Survival-Trainer die Bärenschutzposition angesprochen. „Sich auf den Boden schmeißen, auf den Bauch legen und alle Extremitäten unter dem Körper verstecken. So wie eine Schildkröte eben." Dermaßen perfekt vorbereitet starteten die beiden nun ihre Exkursion. Bereits am ersten Tag verirrten sie sich wegen miserabler Ausschilderung der Wanderwege und kamen von ihrer ursprünglich geplanten Route ab. Da es schon dämmerte, entschied mein Freund, einen kleinen Bergpfad zur Abkürzung zu nehmen, in der Annahme, die verlorene Route wiederzufinden. Zur linken Seite ein Abgrund und zur rechten Seite 200 Meter aufsteigende Felswand. Er ging voran, sie folgte ihm. Als sie bereits gut einen Kilometer hinter sich gebracht hatten, war der Weg durch massive Felsbrocken versperrt. Während die beiden über eine mögliche Ausweichstrategie nachdachten, hörten sie hinter sich Geräusche. Da war er nun, der Grizzly, und irgendwie wirkte er real doch wesentlich bedrohlicher als auf den Dias der Volkshochschule. Geistesgegenwärtig erinnerte sich die Freundin an die „Schildkröte" und nahm umgehend die besprochene Schutzhaltung ein in der Hoffnung, dass der pelzige Genosse diese erkennen und respektieren würde. Mein Freund wiederum berichtete, dass er durch das plötzliche Auftauchen des Bären dermaßen überrascht war, dass er zu keinerlei Handlung mehr fähig war. Nicht einmal die „Schildkröte" wollte seinem gelähmten Körper gelingen. Da Flucht aussichtslos war und Angriff keine wirkliche Alternative darstellte, entschied sich sein Organismus, ohne ihn zu fragen, instinktiv zur Schockstarre. Starr vor Angst musste er nun zuschauen, wie der Grizzly seine Freundin mit seiner feuchten Nase und schwerem Atem nach ihren Qualitäten als Abendessen taxierte. Nur durch das Herunterfallen kleiner Gesteinsbrocken unterbrach der Bär seine Menüvorbereitungen. Es wird wohl seine Erfahrung gewesen sein, die ihn durch die ersten kleinen Steine vor einem möglichen großen Steinschlag warnten. In der Abwägung der Notwendigkeit verzichtete der Bär auf die Schildkrötensuppe, kehrte um und entschied sich zugunsten der eigenen Sicherheit gegen das verlockende Abendmahl. Notwendigkeitsbezogenes Verhalten. Mein Freund selbst versicherte, dass er sich selbst im Traum nicht habe vorstellen können, bei Überlastung dermaßen hilflos zu reagieren. Nach ihrer Rückkehr hat seine Freundin übrigens die Beziehung beendet. Einer der Gründe war, dass sie das Vertrauen in ihn verloren hatte. Das konnte er nun gar nicht verstehen, hatte doch schließlich sein erdbebengleiches Schlottern die Steine gelöst und ihr Leben gerettet.

Auch in unserem alltäglichen Berufsleben stoßen wir permanent auf Situationen, die wir als Belastung empfinden. Die Strategien, die unser Organismus zur Bewältigung intensiver Überforderungen wählt, gleichen denen, die in der Geschichte meines Freundes zum Ausdruck kamen. Wie bereits zu Beginn des Kapitels erwähnt, können wir uns mit Routinen – sprich: Gewohnheiten – vor Überlastungen schützen. Dabei gilt die Regel: Je besser wir vorbereitet sind und je mehr Abläufe wir routiniert haben, desto unwahrscheinlicher ist das Risiko, in Panik zu verfallen. Für uns sind Routinen also nicht nur effizient, sondern erfüllen auch in großem Maße unser Bedürfnis nach Sicherheit.

➡ Das erklärt auch den Umstand, warum wir uns so schwer damit tun, einmal gebildete Gewohnheiten – möglicherweise trotz der Erkenntnis, dass diese auf einer falschen Annahme beruhen – wieder abzulegen. Auch schlechte Gewohnheiten suggerieren uns Sicherheit.

Wenn wir es wirklich wollen, sind wir aber in der Lage, bei einer bestimmten Notwendigkeit bereits vorhandene Gewohnheiten zu verändern oder sie durch neue zu ersetzen. Wie das funktionieren kann, werden wir im nächsten Kapitel noch etwas näher untersuchen.

Rückblickend auf unseren Ausgangspunkt – die Notwendigkeitsbezogenheit – dürfte bei unserem gemeinsamen Ausflug in das eigene „Ich" schon deutlich geworden sein, dass wir hier nicht nur uns beobachtet haben, sondern das gemeinsame Grundlagenverhalten aller Säugetiere. Denn wie Sie sicher schon bemerkt haben dürften, sind die Grenzen zwischen uns und den „Anderen" fließend. ■

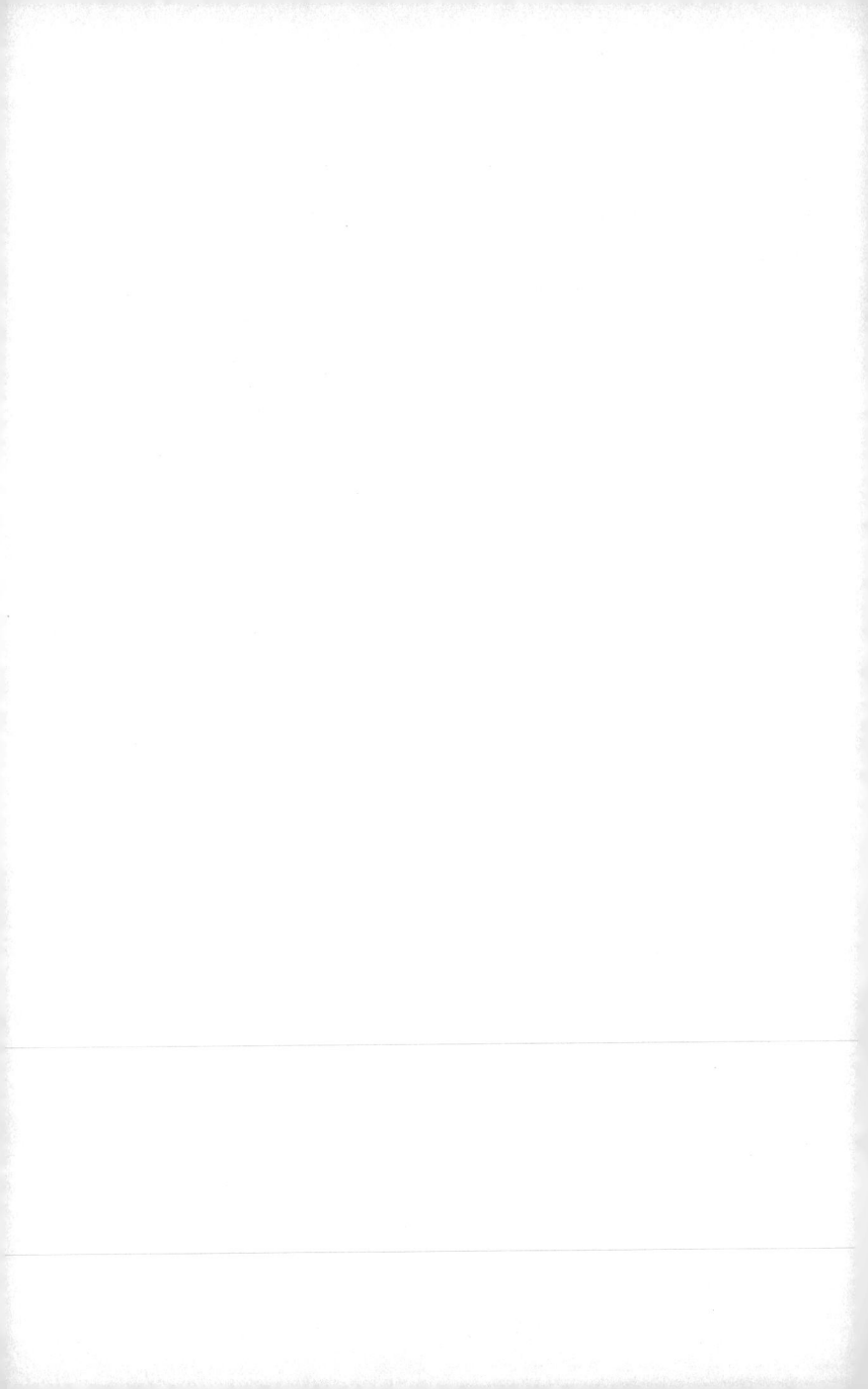

KAPITEL 4

DU KOMMST HIER NICHT REIN!
ODER: DIE SACHE MIT DER BUTTER

■ „Liebling, haben wir Butter?" Diese Frage dürfte – man mag es kaum glauben – eine der verhängnisvollsten Wortkombinationen für frühmorgendliche Ehetragödien sein. Ich gehe davon aus, dass Ihnen die folgende Szenerie, die ich hier beschreibe, nicht ganz unbekannt vorkommen wird. Dabei dient der Begriff „Butter" nur als Platzhalter und ist beliebig austauschbar. Ich möchte an dieser Stelle eine Lanze für alle meine männlichen Leser brechen, die, wie ich beweisen möchte, unschuldige Opfer eines tragischen Missverständnisses wurden.

Der erste Akt dieses Dramas wurde mit dem Vorhaben eines gemeinsamen Frühstücks eingeleitet. Nach dem Eindecken des Tisches fiel ihm die Abwesenheit der Butter auf. Da sie seit geraumer Zeit auf tierische Fette verzichtete, hatte sie den Mangel gar nicht bemerkt. Es folgte der zweite Akt: Wie zu erwarten, sprach er nun, nichts Böses ahnend, die unheilbringenden Worte „Liebling, haben wir Butter?" aus. Fast zärtlich hauchte sie: „KÜHLSCHRANK!" Er machte sich nun auf den Weg zu dem Haushaltsgerät, das Lebensmittel kalt halten kann, öffnete dessen Tür, und sein Blick begab sich auf die Suche nach dem begehrten Schmierstoff. Und? Er fand sie nicht. Ob sie sicher sei, dass Butter da sei? „Mittleres Fach, direkt vor deiner Nase!" war ihre beinahe liebliche Antwort. Mit dieser präzisen Ortsangabe setzte er seine Recherche fort. Und? Fand sie nicht! Weit und breit konnte er kein Anzeichen des vermissten Objektes erspähen. Trotz mittlerweile massiven Zweifeln an der inhaltlichen Richtigkeit ihrer Angaben konnte er schon aufgrund seines männlichen Stolzes seine einmal begonnene Expedition nicht erfolglos abbrechen. Er intensivierte, natürlich unter mehrfachem Nachfragen nach exakteren Koordinaten, sein Bemühen. Und ... fand die Butter nicht.

„Das macht der doch mit Absicht! Der will doch nur, dass ich aufstehe. Typisch Mann!" waren ihre Gedanken, die den finalen Akt einleiteten. Seine letzte vorsichtige Anfrage, ob sie denn tatsächlich Butter gekauft habe, brachte bei ihr, die sich bis zu diesem Zeitpunkt in weiblicher Geduld geübt hatte, das Fass zum Überlaufen. Sie sprang auf, stieß den Stuhl beiseite, drängte ihn vom Kühlschrank weg, griff in das mittlere Fach auf seiner Nasenhöhe und streckte ihm ein weißes Keramikbehältnis mit der extragroßen Aufschrift „BUTTER" entgegen. Mit diesem Indiz, der Gewissheit der Überlegenheit des weiblichen Geschlechtes und den Worten, dass sie nun keinen Appetit mehr habe, verließ sie

den Ort der ursprünglich friedlich geplanten Zusammen-
kunft. Grübelnd zurückgelassen, analysierte er den Vorfall
und kam zu dem Schluss, dass seine Suche aufgrund ihrer
unvollständigen Angaben gescheitert sei. Typisch Frau!
Hätte er nur geahnt, dass sich Butter auch in einer Butter-
dose befinden kann, wäre es gar nicht erst zu dieser Eska-
lation gekommen. Seine Wiedererkennungskriterien waren
auf ein Objekt rechteckigen Ausmaßes, eingeschlagen in
goldfarbenem Papier, ausgerichtet gewesen. Nach einer wei-
ßen und ovalen Keramikdose, die sich dazu allem Anschein
nach auch noch neu in ihrem gemeinsamen Besitz zu befinden schien, hatte er doch gar nicht geschaut.

Selbstverständlich ist nicht die männliche Eingeschränkt-
heit oder die mangelhafte Präzision weiblicher Erklärungen
Ursache dieses Debakels, sondern wieder einmal ein sim-
ples Wissensdefizit. **Unser Gehirn nimmt nämlich nur das
wahr, was es in seinen Vorurteilen festgelegt hat und daher
zu sehen erwartet.** Eigentlich eine geniale Entwicklung der
Evolution, die unter gewissen Umständen aber diverse Tü-
cken mit sich bringt. Daher möchte ich mich im folgenden
Kapitel ausführlicher als bisher mit der Frage beschäftigen,
warum es uns Menschen so schwerfällt, einmal gefestigte
Vorurteile wieder abzulegen, über den Tellerrand unserer
Festlegungen zu blicken und eventuell Unerwartetes zu entdecken.

Grundsätzlich hilft die Festlegung uns also, durch diese Form der Vorbeurteilung schnelle Zuordnungen zu schaffen. Sie kann aber unter bestimmten Bedingungen auch zu folgenschweren Missverständnissen oder Trugschlüssen führen. Wenn wir also eine feste Vorstellung von etwas haben – wie zum Beispiel davon, wie Butter auszusehen hat –, sucht unser Gehirn (das männliche und das weibliche) unterbewusst ausschließlich nach diesen Kriterien. All das, was diesen Kriterien nicht entspricht, wird faktisch einfach übersehen und gar nicht erst wahrgenommen. Das dient der Reduzierung des Bewertungsaufwandes und schont unsere Ressourcen – da ist sie wieder, die viel beschriebene Notwendigkeits- und Effizienzorientierung. Wie positiv solche Vor-Urteile angesehen werden und was für eine enorme Hilfe sie darstellen können, haben wir bereits im vorherigen Kapitel gesehen. Dass aber bei dieser Form von Vorlagenanwendung auch fehlerhafte Informationen zugrunde liegen können beziehungsweise das zu Beurteilende sich verändert haben kann, dürfen wir nie vergessen.

➡ Denn wenn man sich ausschließlich auf dieses unterbewusste Bewertungsschema verlässt, wird man nur allzu schnell Opfer seiner eigenen Vorurteile.

Auch wenn die nicht wenig amüsante Situation um die Suche nach der Butter übertrieben erscheint, ist sie dennoch stellvertretend für viele fast vorprogrammierte Konflikte im alltäglichen Miteinander, die durch das Nichthinterfragen von Vorurteilen entstehen. Regelmäßig führen wir völlig unnötige Auseinandersetzungen, die bei der Berücksichtigung des Wissens um die Existenz fehlerhafter Vorbeurteilungen und der Möglichkeit, diese beeinflussen zu können, ohne großen Aufwand vermieden werden könnten. Allein die Bereitschaft zu akzeptieren, dass sowohl die eigenen wie auch die Voreinstellungen unseres Konfliktpartners eventuell auf einer überholten oder unzureichenden Schlüsselinformation beruhen könnten, ermöglicht es uns, einen bewussten zweiten Blick auf das vermeintlich Unstrittige zu werfen. Hierbei schaut man aus einer anderen Perspektive noch einmal auf die Fakten, die vermeintlichen Istwerte, und stellt diese unter der Entfernung bereits vorhandener Sichtweisen erneut zusammen. Seien Sie nicht überrascht, wenn Sie nach einer solchen Neuordnung der zur Verfügung stehenden Daten nicht nur Abweichungen von den bisherigen Vorlagen entdecken, sondern sich in einigen Fällen sogar das Gegenteil Ihrer bisherigen Annahme bewahrheiten kann – die angebliche Unvergleichbarkeit von Mensch und Hund war hier nur ein Beispiel.

An der bisherigen Einschätzung des Hundes wird allerdings besonders deutlich, welche fatalen Konsequenzen ein Nichtinfragestellen der vermeintlich sicheren Basisfestlegungen nach sich zieht. Dabei meine ich gar nicht vorrangig das Reduzieren des Hundes auf einen tölpelhaften Clown, sondern vielmehr seine daraus resultierende, vollkommen unzureichende Vorbereitung auf die Begleitung in unserem Alltag. **Da uns unser aktueller Blick auf andere Säugetiere nur ein andersartiges und somit nicht vergleichbares Individuum erkennen lässt, gehen wir im Umgang mit ihm nicht von unseren Voraussetzungen aus.** In der Folge hat das dazu geführt, dass wir unser Gegenüber unterschätzen und somit auch nicht für sein vergleichbar kalkuliertes Handeln verantwortlich machen. Da wir ihm dieses noch nicht einmal zutrauen, sehen wir nun – wie bei der Butter – nur noch das, was unser Unterbewusstsein festgelegt hat. Selbst bei größter Bemühung von Seiten des Hundes, souverän aufzutreten, könnten wir diese nicht erkennen. Zeigt er jedoch aus purer Not und dem tiefen Drang, gefallen zu wollen und Anerkennung zu erhalten, ein von uns als destruktiv bewertetes Verhalten, fühlen wir uns umgehend in unserer reduzierten Annahme bestätigt.

Veranlasst uns die „Buttertragödie" noch zum Schmunzeln, bin ich mir sicher, dass Ihnen das Lächeln im Gesicht einfrieren würde, wenn wir uns ehrlich zugestehen würden, dass die naheliegendste Erklärung für die Ursache der sich täglich entziehenden und in allerletzter Konsequenz auch getöteten Hunde im Straßenverkehr nachweisbar in unserer irrtümlichen Einschätzung ihrer Fähigkeiten begründet liegt. Die Entscheidung zum Gehorsamsmodell war auch gleichzeitig das Unterschreiben des Todesurteils des Hundes. Ich bin davon überzeugt, dass wir schon zu einem viel früheren Zeitpunkt aufschreien würden, wenn uns jemand in einem vergleichbaren Maße missachtet und uns in dieser Größenordnung die Freiheit beschneiden würde. **Würden wir uns die Mühe machen, den Hund unter Zuhilfenahme der zweiten Perspektive in den Vergleich zu uns zu stellen, wird das Ergebnis – da bin ich mir sicher – ein Paradigmenwechsel sein.**

Selbstverständlich ist die Tragik, die unserem Hund widerfährt, mit nur wenigen Abwandlungen identisch in der humanen Auseinandersetzung wiederzufinden. Wie häufig passiert es uns selbst, dass wir uns von einer anderen Person verkannt fühlen? Oder umgekehrt: Wie oft haben wir uns in der Vergangenheit von jemandem ein bestimmtes, vielleicht reduziertes Bild gemacht, auf Grundlage dessen wir ihn nun ein Leben lang bewerten? Erinnern wir uns doch einmal an unser letztes Klassentreffen. Bestimmt haben Sie eine Vorahnung davon, welche Schwierigkeiten uns hier erwarten, wenn wir eine einmal gebildete Festlegung – zum Beispiel über den ehemaligen Klassenclown – in Frage stellen wollen oder müssen.

Doch warum ist die Angelegenheit mit den Vorurteilen eigentlich eine so festgefahrene? Warum gelingt es uns nur selten, eine Sache oder Situation neu zu bewerten oder einer Person eine zweite Chance zu geben und sie anders als bisher zu beurteilen? Theoretisch haben wir doch längst eingesehen, dass ein Vorurteil immer auch falsch sein kann und wir es daher ständig hinterfragen und, falls notwendig, ändern sollten.

Die Antwort liegt in der Funktionsweise unseres Gehirns und Unterbewusstseins begründet: Unser Gehirn trennt sich nur allzu ungern von seinen Vorurteilen, da diese ja – wir haben es bereits gehört – für Sicherheit, Wohlsein und Vertrautheit stehen. Muss es die gehegten und gepflegten Vorurteile in Frage stellen oder schlimmstenfalls sogar aufgeben, wehrt es sich zu Beginn mit Händen und Füßen – selbst wenn die Argumente der zu vollziehenden Veränderung noch so überzeugend sind.

➡ Dieser Prozess der Ablehnung neuer Erkenntnisse ist daher kein Hinweis auf deren mangelnde Qualität, sondern stellt schlicht und einfach den verzweifelten Versuch dar, das Vertraute und somit die Komfortzone nicht verlassen zu müssen.

Allein schon der Gedanke daran, neue Entscheidungen treffen zu müssen, und das damit verbundene Risiko der Fehlentscheidung veranlasst unser Gehirn dazu, selbst an für sich nachteiligen Gewohnheiten festzuhalten. Hauptsache, vertraut!

➡ **Seien Sie bitte nicht überrascht, wenn trotz Ihrer neuen Einsicht und der vorhandenen Bereitschaft Ihrerseits, eine bestimmte Betrachtung verändern zu wollen, Ihr Gehirn auf doof macht. Glücklicherweise ist dies in den meisten Fällen nur ein Ablenkungsmanöver.**

Der Organismus braucht einen wirklich guten Grund, vorhandene Muster in Frage zu stellen. Bereits angelegte Prozesse oder Wahrnehmungen werden ungern hinterfragt. Denn: Nachfrage kostet Energie. Es ist nicht Ihre geistige Unbeweglichkeit oder Ihr Unverständnis, die Ihnen hier begegnen, sondern nur das Fehlen einer anfänglich zu erkennenden Notwendigkeit. Unsere Aufgabe besteht also darin, die Sperrvorrichtung unseres Unterbewusstseins zu erkennen. Da wir mittlerweile wissen, dass unser Organismus in allen Belangen nach Effizienz entscheidet, wissen wir auch, auf welchem Wege die bestehenden Vorlagen entstanden sind. Somit haben wir den Schlüssel, vorhandene Vorurteile rückgängig zu machen beziehungsweise sie durch neue ersetzen zu können.

Durch sein hohes Maß an Effizienz- und Sicherheitsbestreben routiniert der Organismus – unser Unterbewusstsein – alles, was ihm mit einer erkennbaren Regelmäßigkeit in die Quere kommt. Schon hier entscheidet er nicht nach der Qualität dessen, was er zur Routine heranzieht, sondern nur nach dessen Konstanz. Man kann damit die Ursache erkennen, warum auch schlechte Gewohnheiten etabliert werden. Sie müssen nur in der Zeit der Überprüfung ihrer Konstanz wiederholt aufgetreten sein, und – schwupps – hat man sie an der Backe und wird sie so schnell nicht wieder los.

➡ **Die gute Nachricht: Bei Notwendigkeit ist eine Verhaltens- oder Ansichtsänderung jederzeit möglich. Allerdings reicht die Einsicht, etwas verändern zu wollen beziehungsweise zu müssen, allein nicht aus.**

Die einzige Notwendigkeit, die unser Organismus als Auslöser für eine solche Abweichung akzeptiert, ist die Umstandsveränderung. Verändert sich oder verändern wir die bisherigen Bedingungen, in denen die bis dahin angewandte Routine erfolgreich verwendet wurde, wird damit auch die Effizienz dieser Gewohnheiten in Frage gestellt. Nur wenn der Umstand der Veränderung anhaltend ist, ist unser Organismus dazu bereit, die alte Vorgehensweise aufzugeben und sich dem neuen Umstand anzupassen.

Mit dem neuen Wissen, welche zukünftigen Aufgaben die neu zu bildende Routine wird bewältigen müssen, können wir bereits im Vorfeld Einfluss auf deren spätere Belastungsstabilität nehmen. Um diesen Vorgang zu verbildlichen, können wir uns den Bau einer neuen Autobahn vor Augen führen: Mit dem Wissen um das zu erwartende zukünftige Verkehrsaufkommen wird der Planer nicht nur dieses berücksichtigen, sondern er wird noch ausreichend Reserven „für den schlimmsten Fall" einplanen. Er geht von dem „worst case" aus. Sind die Bauarbeiten abgeschlossen, wird die alte, bisher vollkommen überlastete Strecke gesperrt und der Verkehr auf die neue, aber noch nicht vertraute Alternative umgeleitet. Die Sperrung und die Umleitung werden nun so lange aufrechterhalten, bis sich auch der letzte Benutzer an die neue Strecke und deren Vorzüge gewöhnt hat. Ist diese Gewöhnung eingetreten, kann man die Sperrung und Umleitung aufheben. Die alte Strecke wird nicht mehr genutzt und langsam mit Unkraut überwuchern.

➡️ **Die Beobachtung, dass bei negativem Stress sofort unsere Routinen ungefragt unsere Reaktionen steuern (wir erinnern uns an den Grizzlybären), macht deutlich, warum es so schwer ist, sich zu verändern, wenn man unter hoher Anspannung steht.**

Dem gegenüber steht eine weitere Auffälligkeit: dass der Körper wiederum nur bei Stress bereit ist, sich zu verändern. Diesmal jedoch sprechen wir von positivem Stress. Um bei unserem Beispiel der Autobahn zu bleiben, bedeutet das, dass uns negativer Stress dazu zwingt, die alten Bahnen zu befahren, und positiver Stress uns befähigt, neue zu erschaffen. Als negativen Stress könnte man alle Belastungen und Veränderungen bezeichnen, die bei uns die Angst vor dem Verlust auslösen, indem sie vorhandene Routinen in Frage stellen, ohne einen neuen möglichen Weg aufzuzeigen. Wir halten jetzt krampfhaft an dem Vertrauten fest. Da die vertrauten Gewohnheiten für uns aber nicht mehr Effizienz und Sicherheit garantieren können, ist das Risiko groß, dass dieser Umstand alle möglichen Stadien der zuvor beschriebenen Panik aktivieren kann. Wir sehen keinen Ausweg mehr.

Positiver Stress wiederum stellt das Vorhandene nicht offensichtlich in Frage, sondern zeigt schon zu Beginn einer Veränderung einen neuen Weg auf. Der hingegen erscheint unter den neuen Belastungen weitaus effizienter als das bisher Vertraute. Die Verunsicherung, die wir anfänglich empfinden, verwandelt sich in Motivation, da wir schon früh das Licht am Ende des Tunnels erkennen können.

➡ Das Vorhaben, gefestigte Festlegungen zu verändern, ist also nur dann von Erfolg gekrönt, wenn der Umstand der Entstehung der in Frage stehenden Gewohnheit oder Bewertung temporär verändert wird und somit die vertrauten Vorgehensmuster vorübergehend oder dauerhaft erfolglos erscheinen.

Gleichzeitig sollte sich ein alternativer neuer Lösungsweg anbieten. Dieser wird zwar in der Zeit der Überprüfung noch ungern und unsicher angewendet, stellt sich aber mit jeder Ausführung der gewünschte Erfolg ein, beginnt unser Organismus schon früh, über die Akzeptanz des neuen Weges nachzudenken. Beweist dieser neue Ansatz sich dann auch noch als konstant und ändert sich nicht ständig erneut, steht seiner Etablierung eigentlich nichts mehr im Wege. Ist er einmal fixiert, dient er nun als Basis unserer zukünftigen unterbewussten Einschätzungen.

Umstandsveränderungen bedeuten also, dass man die vertrauten Wege nicht mehr weiter begehen kann. Routinen und Bewertungen, die bis zu diesem Zeitpunkt unterbewusst und somit energiesparend angewendet werden konnten, führen unter neuen Bedingungen nicht mehr zum Erfolg.

Betrachten wir diese Änderungen genauer, stellen wir fest, dass wir drei Formen von klassischen Umstandsveränderungen kategorisieren können: Die erste weist darauf hin, dass sich in unserem Umfeld eine Wandlung ereignet hat, die in erster Linie gar nichts mit uns selbst zu tun hat. Die zweite Möglichkeit besteht darin, dass jemand für uns die Umgebungsbedingungen temporär so gestaltet, dass wir uns an eine neue Vorlage anpassen können, ohne deren späteren Vorteil für uns erkennen zu müssen. Oder aber wir erkennen diesen Vorteil, fühlen uns aber nicht selbst in der Lage, die notwendige Ausdauer aufzubringen, um eine Anpassung zu erreichen. Zu guter Letzt gibt es noch die schwierigste Variante: Wir selbst erkennen die Notwendigkeit einer Umstandsveränderung und führen diese durch den bewussten Eingriff in unsere Routinen für uns herbei. Hier arbeitet man mit der bereits erwähnten „zweiten Perspektive" und analysiert den betroffenen intuitiven Entscheidungsprozess nach dessen Ausführung, hinterfragt also das eigene instinktive Handeln. Durch diese Vorgehensweise werden hintergründige Abläufe sichtbar, die wir unter alltäglichen Bedingungen nicht einmal bemerken würden. Das Bewusstmachen dieser Vorgänge ermöglicht es uns, gezielt in für uns nachteilige Strukturen einzugreifen und schrittweise eine Neugestaltung vorzunehmen.

Bevor unser Organismus aber seine aktuellen Effizienzmechanismen aufgibt, überprüft er in einem relativ genau definierbaren Zeitraum, ob eine generelle Veränderung überhaupt wirklich notwendig ist. Vergleichbar mit einem

Türsteher, der einem unerwünschten Gast keinen Eintritt gewährt, wird unser Unterbewusstsein davor geschützt, eine neue Information aufzunehmen.

Wie schon erwähnt, verabscheut unser Organismus das Verlassen der Sicherheiten. Der Zeitraum, den er dabei zur Überprüfung heranzieht, ist häufig geringer als vermutet: **Wir sprechen von circa vierzehn bis vierundzwanzig Tagen.** Aber so kurz, wie er im ersten Moment erscheint, ist dieser Zeitrahmen eigentlich gar nicht, wenn man bedenkt, was es bedeuten würde, unter natürlichen Bedingungen – also in einem Umfeld, in dem wir selbst zur Beute werden könnten – vierzehn bis vierundzwanzig Tage unsere unterbewussten Sicherheiten nicht verwenden zu können. Der Energieverbrauch wäre immens, und wir befänden uns in einem Dauerzustand der Erschöpfung. Den Tag abschließender Überprüfung und die damit verbundene Anpassung an die neuen Bedingungen würden wir geradezu herbeisehnen.

Nicht ganz so lebensbedrohlich, aber als Beispiel ohne Weiteres verwendbar wäre der Wechsel eines Arbeitsverhältnisses. Lassen sich nur wenige oder keine Routinen aus dem vorherigen Tätigkeitsfeld an den neuen Arbeitsplatz übernehmen, ist unser Organismus gezwungen, den größten Teil der neuen, in einer hohen Anzahl auf ihn einströmenden Eindrücke mit dem Bewusstsein zu verarbeiten.

Aus den bisherigen Erkenntnissen – und mit Sicherheit auch aus eigener Erfahrung – dürfte uns allen klar sein, welche Anstrengungen damit einhergehen. Im Regelfall hat der Betroffene nach Feierabend kein großes Bedürfnis mehr nach freizeitlichen Aktivitäten, sondern schafft bei der Heimkehr gerade noch so eben den Weg bis zu seiner Couch. In einem solchen Zusammenhang können vierzehn bis vierundzwanzig Tage wie eine Ewigkeit erscheinen.

Während der Zeit der Neuorientierung testen wir, welche alten Gewohnheiten erhalten bleiben können, und suchen zeitgleich nach neuen Vorbildern für zukünftige Routinen. Als Vorbilder oder auch Vorlagen dienen dabei Erkenntnisse unveränderbarer Umweltbedingungen oder Abläufe, die in ihrem wiederkehrenden Auftreten als feste Begebenheiten des neuen Umfeldes erkannt werden. Ist es uns gelungen, diese Vorlagen zu isolieren, werden sie von uns auf ihre Konstanz hin überprüft und als Grundlage unseres modifizierten unterbewussten Handelns (und Denkens) verwendet.

Auch Hundehaltern dürfte der genannte Zeitrahmen eigentlich nicht gänzlich unbekannt sein: Der Wert „vierzehn bis vierundzwanzig Tage" taucht bei allen Anpassungen des Hundes immer wieder bei genauerem Hinterfragen dort auf, wo der menschliche Inhaltsvermittler – meist zu seinem eigenen Vorteil – dem Hund konstante Anpassungsvorlagen angeboten hat. Das heißt: Wenn dem Menschen etwas besonders wichtig erscheint, hat er kein Problem damit, seinem üblicherweise gern unterschätzten haarigen Familienmitglied exakte Grundlagen für sein zukünftiges Handeln an die Pfote zu geben. Besonders bei dem Thema „Stubenreinheit" versteht der sonst so joviale Hundefreund keinen Spaß mehr. Setzt er in allen anderen Bereichen des Umganges mit dem Hund immer so etwas wie tierischen Autismus voraus, ist ihm dieser im Zusammenhang der Sauberkeitserziehung im wahrsten Sinne des Wortes „scheißegal". Dass der Hund lernen kann, stubenrein zu werden, steht für den Hundehalter außer Frage. Wieder und wieder gibt er seinem Hund die Routine vor, nach draußen zu gehen und dort – und nur dort – sein Geschäft zu verrichten. Und siehe da: Der Hund adaptiert sich tatsächlich problemlos und passt sich an das neue Verhalten an.

Ohne Rücksichtnahme auf die sensible Psyche seines noch sehr jungen „Padawans", der mit großer Wahrscheinlichkeit die fußbodenbeheizte Terrakottakeramik im Wohnzimmer dem feuchten und matschigen Grünstreifen vor dem Haus vorgezogen hätte, zeigt der „Meister" das erste und bedauerlicherweise oft auch das letzte Mal, mit welcher Eindeutigkeit Menschen ihre Absichten darstellen können. Denkt der Welpe zu Beginn noch über seinen Auszug nach, passt er sich aufgrund der enormen Präzision der Schulungsmuster dennoch schnell den Gebräuchen seines neuen „Stammes" an. Das Einzige, was ihn stutzig macht, ist der Umstand, dass außer ihm niemand mit auf dem Grün hockt. Damit dürfte sich auch der merkwürdige Gesichtsausdruck eines Hundes während seiner geschäftlichen Aktivitäten erklären lassen: Er wundert sich!

Fragt man einen Hundehalter rückblickend nach dem zeitlichen Aufwand seiner Schulung, wird uns die Antwort keinesfalls überraschen: Circa 98 Prozent aller Befragten werden den Zeitraum von vierzehn bis vierundzwanzig Tagen benennen. Und einmal manifestiert, hält dieser anfänglich erlernte und später unterbewusste Prozess ohne Nachschulung ein Leben lang an. Ich habe noch mit keinem Hundehalter gesprochen, der die „Stubenreinheit" seines Hundes jemals nachtrainieren musste.

Wir können also festhalten: Stellt sich nach dem Abschluss der circa zwei- bis vierwöchigen Analyse die Beständigkeit der bis zu diesem Zeitpunkt mit dem Bewusstsein betrachteten Vorbilder heraus, gibt unser Organismus die Nachfrage auf und wandelt die Anforderungen dieser Vorlagen in unterbewusste Verhaltensweisen um. Er passt sich an. Hat er in der Vergangenheit noch mit aller Vehemenz versucht, sich nicht zu verändern, begrüßt er nun geradezu euphorisch die wiedergewonnene Sicherheit der neuen Routinen. Sind diese etabliert, ist es für uns schnell so, als hätten wir nie etwas anderes gemacht. Nicht umsonst lautet die häufigste Antwort, wenn wir jemanden fragen, warum er eine Handlung in einer bestimmten Abfolge tätige: „Das haben wir immer schon so gemacht."

Eine Veränderung ist also grundsätzlich jederzeit möglich, und wir sind auch in der Lage, uns widrigsten Bedingungen anzupassen. Allerdings ist es von Vorteil, die Widerstände, die uns erwarten, im Vorfeld zu kennen, um nicht während der Überprüfungsphase ins Zweifeln zu kommen oder gar aufzugeben. **Es wäre ein Fehler, den anfänglichen Widerstand unseres Organismus, auf den wir bei jedem Veränderungsversuch stoßen, mit seinen mangelnden Möglichkeiten oder nicht vorhandenen Fähigkeiten zu verwechseln.** Diese sind tatsächlich sogar außerordentlich – wenn es darauf ankommt. In solchen Fällen ist das Säugetier nicht nur in der Lage, Verhaltensformen umzustellen; selbst organische und anatomische Anpassungen sind nicht ausgeschlossen! In diesem Zusammenhang denke ich spontan an den Yak, der sich „mal eben" im Vergleich zu unserem Hausrind seine Organe vergrößert und ein paar Rippenbögen mehr draufschafft, um unter den widrigen Extremen des tibetischen Hochlandes überleben zu können. Da dort bewiesenermaßen die Luft dünner ist und die Temperaturen vorrangig frostig sind, passt der Yak sich halt an. Die Umstände müssen eben nur konstant sein. Ein Umzug in den warmen Süden kommt dabei nicht in Frage – im Himalaya weiß man wenigstens, was man hat. Verzeihen Sie mir den kleinen Schlenker. Unser Hauptaugenmerk liegt natürlich weiterhin auf dem Bereich der Verhaltensmodifikation. Wir wollen es ja nicht übertreiben.

Um Veränderung in unserem Unterbewusstsein platzieren zu können, müssen wir also zuerst immer an dessen Türsteher vorbei. Egal, wie oft der grobe Klotz sie anfänglich mit den Worten „Du kommst hier nicht rein!" abweist: Geben Sie nicht auf und versuchen Sie es erneut! Bedenken Sie stets, dass er aus einem guten Grund den Eingang zu unserer unterbewussten Schatzkammer sichert. Seine ureigene Aufgabe besteht darin, nicht jede neue Erfahrung, die wir machen, ungefiltert in den Bereich durchzulassen, der in einem so großen Maße unser Überleben gewährleistet. Seine Ablehnung dient nur dem Erhalten unserer schnellen Reaktionsfähigkeit. Stellen Sie sich einmal das Chaos vor, das entstehen würde, wenn der Hüne nachlässig wäre. Also seien Sie nicht böse auf ihn und haben Sie Geduld. Er macht auch nur seinen Job. ■

KAPITEL 5

AUS PRINZIP NICHT!

■ „Einigkeit und Recht und Freiheit ..."

Hört man diese erste Zeile der deutschen Nationalhymne, könnte man glauben, dass sie die Hymne aller sozialen Lebewesen sein könnte – nicht nur diejenige der Deutschen. Schon in ihren ersten Worten führt sie in etwas abgewandelter Form die klassischen drei Grundbedürfnisse aller nach Gemeinschaft suchenden Säugetiere als Grundlage des Glücklichseins heran: Anerkennung, Sicherheit und Freiheit. Obwohl Anerkennung und Sicherheit im Bezug zur Freiheit keinesfalls geringer empfunden werden, finden sie in der Außendarstellung unseres Bestrebens erst bei genauer Nachfrage Erwähnung. Die Frontfrau der „Fantastischen Drei" ist immer die Freiheit. Sie ist das populärste, aber auch das am meisten missverstandene Bedürfnis des sozialen Lebewesens – insbesondere wenn es nicht um die eigene Freiheit, sondern um diejenige eines anderen geht. Da Freiheit für uns so wertvoll ist und wir sogar bereit sind, für sie zu sterben, ist sie der Anlass unserer nächsten Betrachtung.

Wie wir schon im ersten Kapitel sehen konnten, lässt sich im Grunde mit nur wenigen Worten erklären, was der Begriff „Freiheit" für uns bedeutet:

➡ **Freiheit ist immer die Möglichkeit der Wahl.**

Uns eigenständig entscheiden zu können vermittelt uns die Illusion der Kontrolle. Wir haben das Gefühl, die Sache im Griff zu haben. Dabei geht es in der Regel gar nicht so sehr darum, *was* man entscheidet, sondern vielmehr darum, *dass* man sich überhaupt entscheiden kann. Man hat somit die Vorstellung der Selbstbestimmung. Den Verlauf unserer Zukunft selbst in der Hand zu haben ist die Grundlage unseres Selbstwertempfindens. Nichts ist uns mehr zuwider als Bevormundung oder Fremdbestimmung.

Bereits bei zwei Möglichkeiten zur Auswahl sprechen wir von der freien Entscheidung. Selbst wenn beide Möglichkeiten von uns unter anderen Umständen sogar abgelehnt würden, wir sie also beide nicht wirklich gutheißen, stellen sie in unseren Augen dennoch eine Wahlfreiheit dar. Wie gesagt: Bei der Freiheit geht es nicht um die Qualität dessen, was wir wählen können, sondern um die Möglichkeit der Wahl selbst. Es gibt wohl kein vergleichbares Gut, das wir in einem so vehementen Maße zu verteidigen bereit wären. Für die Freiheit ziehen wir jederzeit in die Schlacht und häufig auch in den sicheren Tod.

➡ **„Wehe dem, der unsere Wahl beschneidet."**

Fällt Ihnen nur eine kriegerische Auseinandersetzung in unserer Zeitgeschichte ein, die nicht im „Namen der Freiheit" geführt wurde? Bei einem so inbrünstigen Freiheitsdrang müsste man glauben, dass wir um keinen Preis der Welt unsere Freiheit würden aufgeben wollen.

Irritierend erscheint demgegenüber jedoch die Beobachtung, wie schwer wir es uns andererseits mit Entscheidungen machen. Nicht selten sprechen wir sogar von der „Qual der Wahl". Was denn nun? **Auf der einen Seite würden wir für die „Möglichkeit der Wahl" unser Leben lassen, und auf der anderen Seite wären wir froh, eine Entscheidung nicht selbst treffen zu müssen.** Könnte ein Widerspruch größer sein?

Wie immer liegt die Lösung im Betrachten der Details. Wie wir schon im dritten Kapitel deutlich veranschaulichen konnten, ist das Säugetier – und somit auch wir – immer ein Lebewesen, das nach Effizienz und Sicherheit strebt. Jegliche Form von Entscheidungen kostet immer Energie und führt gleichzeitig auch jedes Mal das große Risiko einer Fehlentscheidung mit sich. Von Situation zu Situation kann diese von geringer bis existenzieller Bedeutung sein. Die Unsicherheit über den Ausgang unserer Abwägungen empfinden wir als sehr belastend. Aus diesem Grund sprechen wir von einer Qual. Um diese Qual zu vermeiden, würden wir nur allzu gern jemand anderem unsere Wahl überlassen. Wir müssten nur sicher sein, dass diese Person in unserem Sinne handelt.

Jemandem seine Wahl zu übertragen nennt man „Vertrauen" – wir vertrauen uns einem anderen an. Diese Erkenntnis bedeutet also, dass wir zwar die Möglichkeit der Wahl suchen, die Wahl selbst aber so gering wie möglich halten oder am liebsten einem Vertrauten übergeben möchten. Man könnte dieses Bestreben auch den Wunsch nach Leitung oder, besser noch, nach Führung nennen. **Führung steht für Sicherheit.** Nur allzu häufig wird dieser Wunsch jedoch vollkommen falsch interpretiert und von schlichten Gemütern als Aufforderung verstanden, uns die Wahl zu nehmen und an sich zu reißen.

➡️ **Man könnte sagen, dass der feine Unterschied zwischen „Krieg und Frieden" ausschließlich darin besteht, ob wir jemandem unsere Wahl eigenständig übertragen oder ob er sie uns nimmt. Im ersten Fall sprechen wir von Führung, im zweiten von Diktatur.**

Auch wenn wir noch so bereit wären, unsere Wahl an eine gute Führung abzugeben: Nimmt man sie uns, gehen wir in den Widerstand. Das Beschneiden unserer Wahl empfinden wir jetzt als Begrenzung. Bekanntlich erzeugt Begrenzung immer Ausbruch. Je mehr man uns von etwas abhalten möchte oder uns zu einer Handlung verpflichten will, umso größer ist unser Streben nach genau dem Gegenteil. Man könnte hier auch von Umkehrpsychologie sprechen.

Die Umkehrpsychologie beschreibt die Art von Reaktion, die wir bei dem Versuch der Einschränkung unserer Wahl umgehend unterbewusst aktivieren. Diese Reaktionsmuster entstehen bei jedem von uns spontan und können in zwei für uns wohlbekannte und bestimmt schon häufig empfundene Kategorien unterteilt werden: Auf die erste Kategorie greifen wir dann zurück, wenn jemand den Versuch wagt, uns zu einer Leistung zu verpflichten, deren Nutzen wir nicht erkennen können und deren Ausführung uns keine Alternative lässt. In diesem Fall reagiert unser Organismus mit dem Widerspruch: **Aus Prinzip nicht!**

Die zweite Kategorie bezieht sich auf das Verbot oder die Verneinung. Wir sollen etwas unterlassen. Auch hier lässt der Widerspruch nicht lange auf sich warten. Diesmal ist die Antwort: **Jetzt erst recht!**

Beide Kategorien beziehungsweise deren Folgen dürften Ihnen nicht unbekannt sein. Sie begegnen uns nämlich nicht allzu selten in unserem Alltag. Fast reflexartig überkommt uns das Gefühl des Widerspruchs, wenn wir mit ihnen – häufig unbemerkt – in Berührung kommen. Nicht immer treten Begrenzungen offensichtlich als ebensolche auf. Sie können manchmal auch unter dem Deckmantel vermeintlicher Höflichkeiten versteckt sein – und sie lösen immer eine Reaktion bei uns aus. Ein schönes Beispiel dafür ist ein Besuch beim Zahnarzt. Selbst wenn Sie Ihr Dentist – unterstellen wir ihm einmal seine gute Absicht – wohlwollend während der Behandlung auffordert: „Bitte jetzt nicht schlucken!", ist uns allen vollkommen klar, was jetzt folgen wird. Ein klassischer Fall von Kategorie zwei des Widerspruchs ist die unmittelbare Folge: Wir müssen schlucken wie niemals in unserem Leben zuvor. Hätte er doch bloß nichts gesagt.

Jede Aufforderung, deren Ausführung für uns keinen direkten Vorteil erkennen lässt oder uns keine Möglichkeit einer Alternativhandlung aufzeigt, erzeugt diesen Effekt. Wenn schon versteckte Wahlbeschneidungen eine so massive Umkehrreaktion auslösen, dürfte klar sein, was erst passiert, wenn man ganz offensichtlich versucht, uns in eine für uns unerwünschte Richtung zu drängen.

In der humanen Arbeitswelt wird heute noch nach wie vor die Durchsetzungsfähigkeit eines Vorgesetzten als Sockel seiner Führungskompetenz angesehen. Selbst in der Nachwuchsförderung wird den zukünftigen Führungskräften schon früh nahegelegt zu lernen, sich durchsetzen zu können. Da in der Durchsetzung aber immer die Missachtung des Wahlbedürfnisses seines Gegenübers die Grundlage bildet, ist sie auch umgehender Auslöser der Gegenwehr.

➡ Jede erfolgreiche Durchsetzung aktiviert eine kleine Revolution.

Manchmal erfolgt die Reaktion direkt und unmittelbar. In diesem Fall wäre der Zusammenhang der Begrenzung und des damit verbundenen Ausbruchs sofort zu erkennen. Viel häufiger geschieht dies aber schleichend: Es brodelt unter der Oberfläche und eruptiert erst zu einem viel späteren – vermeintlich zusammenhangslosen – Zeitpunkt. Bei dieser Variante wird der Durchsetzer von dem unerwarteten Widerspruch des „Unterdrückten" vollkommen kalt erwischt. Hier wurde die anfängliche Zurückhaltung des Gegenübers dummerweise mit dessen Zustimmung verwechselt. Diese leider sehr favorisierte Verwechslung ist häufig die Ursache des Scheiterns vieler erfolgversprechender Projekte.

➡ Denn Mitarbeiter, die im Widerspruch zur Führung stehen, werden nicht dabei behilflich sein, diese erfolgreich aussehen zu lassen.

Lassen wir unsere Gedanken noch einmal Revue passieren: Eine Beschneidung unserer Wahlmöglichkeit empfinden wir als Begrenzung. Wir haben das Gefühl der Fremdbestimmung und des Kontrollverlustes. Kontrolle wiederum erzeugt immer Ausbruch.

Nehmen wir den Ausbruch selbst genauer unter die Lupe, können wir Folgendes feststellen:

➡ **Der Ausbruch verfolgt immer die Absicht, die Ohnmacht des Kontrolleurs aufzuzeigen.**

Das heißt: Erst durch die Anwendung des Mittels der Durchsetzung wird der jetzt Begrenzte aufgrund der erklärten Umkehrpsychologie faktisch gezwungen, nach den Schwachstellen in dem Kontrollsystem des Durchsetzers zu suchen. Man könnte auch sagen: Ab diesem Zeitpunkt hat sich der ahnungslose Despot praktisch einen von ihm selbst aktivierten Sprengstoffgürtel mit unkalkulierbarem Detonationszeitpunkt umgeschnallt. Diese Bedingungen stellen mit tödlicher Sicherheit keine gute Basis für eine langfristige Beziehung dar. Aber über eins können wir uns gewiss sein: Es herrscht immer eine Bombenstimmung!

„ES IST BESSER, ALS EIN WOLF ZU STERBEN, DENN ALS HUND ZU LEBEN." (Herbert Wehner)

Wie schon zu erwarten war, können wir die Auswirkungen der Wahlbeschneidungen besonders plastisch in der Welt der Hundeausbildung wiedererkennen. Man kann diese aufgrund ihrer Überzeichnungen wie eine Karikatur unseres Umganges miteinander verstehen. Also fast wie im „richtigen" Leben – nur noch absurder. Denn im Gegensatz zu den meisten menschlichen Diktatoren macht man sich hier noch nicht einmal die Mühe, die Absicht der Machtübernahme des Willens zu verschleiern, sondern geht davon aus, dass der Hund erfreut ist, gehorsam sein zu dürfen – und dass er dies mit ewiger Treue danken wird.

Die Ursache dieses tragikomischen Trugschlusses konnten wir ja schon im zweiten Kapitel erkennen. Da man im Umgang mit dem Hund nicht von seinen mit unseren eigenen vergleichbaren Bedürfnissen ausgeht, folgt man nun den mehr als bedenklichen Empfehlungen der üblichen Verdächtigen. Der Hund wird so früh wie möglich und vollkommen unvorbereitet in die Belastungen des Alltags mitgenommen. So unvorbereitet soll er nun seinen Menschen begleiten, der ihn dann noch mit fraglichen Ausbildungstechniken belegt.

Besonders auffällig ist dabei die Tatsache, dass fast alle Versuche, dem tierischen Begleiter etwas beizubringen, ausschließlich auf Begrenzungen seines Verhaltens beruhen. Entweder sagt man ihm, was er ohne Alternative auszuführen hat (Kategorie eins), oder man nutzt das Verbot beziehungsweise die Verneinung (Kategorie zwei).

Da der Hund aber wie jedes andere Säugetier auf diese Beschneidung seiner Freiheit umkehrpsychologisch reagiert, und das sogar sehr offensichtlich, kommt es nun, wie es kommen muss: Wenn er keine Möglichkeit sieht, der Begrenzung des Halters auszuweichen, folgt er ihr widerwillig und sucht ab jetzt jede Gelegenheit, sich ihr zukünftig zu entziehen. Dieses Verhalten der Verweigerung fällt dem Menschen natürlich auf. Doch gerade wegen seines ursprünglichen Betrachtungsfehlers ordnet er dieses „rebellische" Ergebnis nicht der eigenen Kontrollausübung zu, sondern sucht die Erklärung für die mangelhafte Reaktion des Hundes in dessen Schlichtheit beziehungsweise Minderintelligenz.

Diese Zuordnung sieht er nun als Rechtfertigung, den Hund noch intensiver zu kontrollieren. Kontrolle heißt, wie wir bereits wissen, dem Anderen die Wahl zu nehmen, und ist damit die Garantie für einen späteren Ausbruch. Jedes vermeintlich erfolgreiche Kommando, dem der Hund nachkommen muss, ist wie eine Aufforderung an ihn, den Kommandogeber auf dessen Fähigkeiten der Durchführung zu überprüfen. Er beginnt, wie wir selbst, nach den Lücken und Mängeln im Kontrollkonstrukt des Durchsetzers zu suchen, den Ohnmachten des Kontrolleurs. Seien Sie sich sicher, davon gibt es mehr als reichlich. Er wird sie finden. Dieses Wissen um die Ohnmachten benutzt der Hund aber nicht immer unmittelbar, sondern wartet bis zu jenem Moment, in dem sein Ausbruch die größte Hilflosigkeit seines „Unterdrückers" verursacht.

Da der Hund bereits beobachten konnte, dass sein humanes Gegenüber besondere Schwierigkeiten in der Durchsetzung seines Kommandos hat, wenn eine Anforderung plötzlich und unvorbereitet eintritt, nutzt er genau solche Situationen, um sein Vorhaben erfolgreich in die Tat umzusetzen. Gerade schnelle bewegliche Objekte wie Wild, Katzen, Fahrzeuge, Radfahrer, aber auch andere Hunde bieten sich als Mittel zum Zweck hervorragend an. Natürlich wird diese strategisch perfekt recherchierte, geplante und erfolgreich ausgeführte Mission von seinem Menschen mit keinerlei Bewunderung wahrgenommen. Im Gegenteil: Startet der Hund plötzlich durch, bricht also aus der Kontrolle aus und rennt einem Hasen oder einem Reh hinterher – die Betonung liegt dabei auf plötzlich (allerdings nur für den Menschen) – ‚geht der Halter davon aus, dass der Hund das eigentliche Opfer sei. Das Opfer seiner Triebe. In diesem speziellen Fall soll es der Jagdtrieb sein.

Der Jagdtrieb, so erklären die „Experten", macht den Hund wegen eines ihn überwältigenden Hormonschubes, der bei Anblick des sich bewegenden Beutewildes in das Gehirn des armen Kerls schießt, kopf- und sogar willenlos. Er verfalle in einen Tunnelblick und wäre in dieser Phase nicht mehr bei klarem Verstand und somit auch mit keinem Kommando der Welt mehr erreichbar, so heißt es. Ein Opfer eben. Komisch nur ist die Tatsache, dass dieses vermeintliche

Opfer nachweislich schon mehrere Tausende von Jahren mit seinen gleichermaßen kopflosen Artgenossen erfolgreich in der Gemeinschaft jagt. Das ist einfach übersehen worden.

➡ **Tatsächlich könnte man bei genauerer Untersuchung des Umgangs mit dem Hund sogar herausfinden, dass alle Mängel, die wir an seinem Verhalten beklagen, in Wirklichkeit gar nichts Hündisches, sondern ausschließlich die umkehrpsychologischen Folgen unserer Begrenzung sind.**

Weiterhin sollten wir einen genauen Blick auf die Wahl des Ansprache-Instrumentes werfen: das Kommando. Dies ist eine Form der Ansprache, die wir normalerweise nur beim Militär vorfinden. In unserer zivilen Gesellschaft stößt diese Form des Umgangs in der Regel auf massivste Ablehnung.

➡ **Das Kommando fordert nämlich bedingungslosen Gehorsam ein. Es lässt uns keine Wahl zur eigenen Entscheidung.**

Häufig beschleicht auch den Hundehalter an dieser Stelle ein mulmiges Bauchgefühl. Unbewusst muss er wohl den Widerspruch seiner Vorgehensweise spüren. Für sich selbst würde er das Kommando keinesfalls akzeptieren. Da er aber von dem Anderssein seines Gegenübers ausgeht und ihm außerdem die geballte hundepädagogische Fachkompetenz die Unverzichtbarkeit von klaren Grenzen und deren strikter Durchsetzung bescheinigt, folgt er ungeprüft diesen Ratschlägen. Was tut man nicht alles zum Wohle eines Freundes? Um seine Zweifel zu mildern, spricht er deshalb gerne von einem „bisschen" oder sogar „liebevollen" Gehorsam. Wie immer man das verstehen soll. Da habe ich gleich ganz merkwürdige Bilder im Kopf. Wie wir ahnen, verhält es sich aber mit einem „bisschen" Gehorsam so wie mit einem „bisschen" schwanger.

Haben wir aber nicht schon feststellen können, dass genau dieses Lebewesen, von dem der Mensch Gehorsam einfordert, mit einem ausgeprägten Freiheitsbestreben ausgestattet ist? Da ist der Widerspruch praktisch schon Programm. Rufen wir uns noch einmal in Erinnerung: Der Hundehalter möchte seinem Hund beibringen, auf ihn zu hören und beispielsweise auf Zuruf – ohne zu zögern und so schnell der Hund kann – zu dem Menschen zurückzukehren. Dabei hat er es mit einem Säugetier zu tun, das – wir wissen es von vorigen Ausführungen – aufgrund seines Alters mindererfahren ist und einen großen Freiheitsdrang sein Eigen nennt. Aufgrund dieser beiden unstrittigen Istwerte scheint die Wahl seines „Durchsetzungsmittels" – das Kommando – äußerst befremdlich.

Jeder, der selbst einmal beim Militär war, wird Ihnen bestätigen: **Ein Kommando wird im Regelfall nicht in der Einsicht und somit in der Bereitschaft ausgeführt, sondern häufig nur mit dem militärischen Mittel der Durchsetzung.** Eben diese Mittel stehen dem Hundehalter aber nicht zur Verfügung. Gott sei Dank! Wie wir erahnen können, nimmt das Drama nun aber seinen endgültigen Lauf: Kommt der Hund letzten Endes doch noch zu seinem Halter zurück – und sei es auch nur durch Zufall –, wird er in den meisten Fällen dafür belohnt.

Wie würden Sie es selbst empfinden, wenn Sie jemand mit einem Kommando auffordert, etwas unverzüglich auszuführen, dessen Sinn Sie nicht erkennen können? Und wenn Sie dann feststellen, dass Sie trotz mehrfacher Verweigerung oder zögerlicher Ausführung am Ende sogar noch belohnt werden? Oder wie ernst würden Sie eine Person nehmen, die sich Ihnen gegenüber in dieser Art und Weise verhält und trotz dieses irrationalen und paradoxen Verhaltens auch noch penetrant auf ihrer Überlegenheit besteht?

Genau das ist es nämlich, was der Hundehalter – und leider nicht nur er – als Handwerkszeug an die Hand bekommen hat, um seinen menschlichen Führungsanspruch darzustellen. Arglos führt er die zuvor genannten Empfehlungen aus und wundert sich über das merkwürdige Verhalten seines Gegenübers. Trotz all seiner Mühe will dieses doch tatsächlich nicht immer seinem Kommando folgen. Unverschämt-heit! Schnell findet der Hundehalter aber den Grund für das Versagen seines Hundes in dessen „Andersartigkeit": Er ist halt nicht so intelligent, aber eigentlich ganz nett!

Beim Lesen dieser Zeilen bin ich mir gar nicht mehr so sicher, ob wir tatsächlich über eine Überzeichnung spre-chen. Klingt merkwürdig vertraut. ■

KAPITEL 6
ICH SEHE DICH

■ Als er gedankenversunken die Haustür öffnete, traf es ihn wie ein Schlag beim Anblick ihrer gepackten Reisetasche. Genau daneben saß ihr gemeinsamer Hund, der ihn vorwurfsvoll anblickte. „Sie will mich verlassen" waren die ersten Gedanken, die ihm durch den Kopf schossen. Und viel schlimmer noch: Den Hund wollte sie offensichtlich auch mitnehmen. Ihm wurde sofort bewusst, dass er sie über seine ganze Arbeit in der letzten Zeit doch sehr vernachlässigt hatte. Der tägliche Trott ließ ihre Anwesenheit so selbstverständlich erscheinen, dass er – so musste er sich selbst eingestehen – seine Bemühungen um sie nach und nach eingestellt hatte. Der Gedanke, sie dadurch verlieren zu können, beschlich ihn in diesem Moment zum ersten Mal. Jetzt, wo es schon zu spät war. Man hätte doch darüber reden können. So ein Gespräch ist grundsätzlich eine super Idee, setzt allerdings voraus, dass man den Missstand vorher erkennt. Er selbst erfuhr seine Anerkennung, die er benötigte, durch seine tägliche Arbeit. Es durchfuhr ihn siedend heiß, als ihm klar wurde, dass es ihr eben an dieser Bestätigung mangeln könnte.

Ob er sie von ihrem Vorhaben noch abbringen könne, war seine erste Frage, als sie aus der Küche kam. Nein, es müsse sein und es führe kein Weg daran vorbei, lautete ihre unumstößliche Antwort. Es fehle bei ihm einfach die Bindungsbereitschaft, und sie war nun fest entschlossen, diese auf Anraten einer auf solche Probleme spezialisierten Verhaltensberaterin auf genau diesem Wege und um jeden Preis herzustellen. Mit dieser Antwort hatte er nun gar nicht gerechnet. Verhaltensberaterin? Er musste sich erst einmal sammeln. Bei Beziehungsproblematiken dieses Ausmaßes wäre die Dame erste Wahl, und sie hätte schon bei vielen hoffnungslosen Fällen helfen können. Dieser Meinung seien auch all ihre Freundinnen, die ihr zu diesem Schritt geraten hätten, erklärte sie ihrem jetzt vollkommen verwirrten Noch-Ehemann. Alle wussten also Bescheid, nur er hatte nichts geahnt. Sie griff entschlossen die Reisetasche und mit der noch freien Hand die Leine des Hundes, der ihn immer noch vorwurfsvoll anblickte, und verließ zielstrebig das Haus.

Ob man sich jemals wiedersehen werde, rief er ihr noch fragend hinterher. Wenn er einsichtig wäre, in einer halben Stunde, lautete ihre Antwort. Von solch einer Trennung hatte er noch nie gehört. Er fasste den Entschluss, unbedingt das Gespräch mit ihr zu suchen, sollte sie wider Erwarten zu ihm zurückkehren. Als sie nach zwei endlos erscheinenden

Stunden tatsächlich heimkehrte, wollte er seinen Vorsatz sofort in die Tat umsetzen, doch bevor er auch nur ein einziges Wort sagen konnte, schnaubte sie schon los: Es mache einfach keinen Sinn mehr. Er wäre einfach nicht in der Lage, sich zu verändern. Wahrscheinlich läge es an seinen außergewöhnlich starken Trieben. Sie denke ernsthaft über eine Kastration nach. Er schluckte, war er doch schon längst einsichtig. Trotz all der Mühe, die sie sich mit ihm gegeben habe – dem Longier-Training, Mantrailing-Kursen und Agility-Seminaren –, wäre er einfach während des gemeinsamen Spazierganges nicht in der Lage gewesen, sich auf sie zu konzentrieren. Eine Reisetasche voller Entertainment-Equipment inklusive Ballschleuder und Futterdummy sollte dazu beisteuern, die mangelnde Bindung ihres Hundes „herbeizuspielen". Denn genau die fehlende Bindung – so erklärte es zumindest die viel gepriesene Hunde-Verhaltensberaterin – wäre die Ursache für das unzureichende Interesse des renitenten Vierbeiners. Mit der Order, sich interessanter zu machen, zog sie nun seit Wochen so präpariert durch die Wälder ihrer Umgebung. Statt einer Verbesserung habe sie sogar den Eindruck, es würde immer schlimmer.

Zu keinem Zeitpunkt war er über das Versagen seiner Frau glücklicher als in diesem Moment. Er musste sich mit aller Kraft zusammenreißen, um vor Freude nicht laut loszulachen. Jetzt erst wurde ihm bewusst, dass der ganze Aufwand gar nicht ihm galt und seine Frau keineswegs vorhatte, ihn zu verlassen. Von diesem veränderten Standpunkt erschien ihm auch der Blick seines Hundes gar nicht mehr so vorwurfsvoll – er war viel eher um Hilfe flehend.

Die Mutter aller Missverständnisse stellt wohl nicht nur die bereits genau beschriebene Tatsache dar, dass wir ein Gegenüber oft als „anders" und nicht mit uns vergleichbar ansehen. Die bekannte Folge daraus ist die, dass wir es und seine Bedürfnisse nicht mit unseren gleichgestellt wahrnehmen. **Viel schwerer wiegt allerdings, dass dieser „Andere" von uns in den meisten Fällen automatisch auch als geringer, als wir es sind, wahrgenommen wird.**

Wie wir mittlerweile wissen, ist es sinnvoll, die eigenen Antriebe und Bedürfnisse zu benennen, um überhaupt in der Lage zu sein, einen Gesprächspartner einschätzen zu können. Denn was eigentlich für uns selbstverständlich erscheint, ist bei genauerem Hinsehen alles andere als das. Wir haben bereits die Notwendigkeitsbezogenheit und die Freiheitsliebe näher untersucht. Im Folgenden soll es um das Prinzip der Anerkennung gehen.

Viele hintergründige Empfindungen bleiben unausgesprochen. Sie werden in den täglichen Auseinandersetzungen mit unserem Alltag unbewusst in das Abseits verschoben. Gerade das Thema Anerkennung ist ein solches. Sie gilt als Antriebsquelle all unseres Bemühens, wird aber in unserer

Umwelt permanent sträflich vernachlässigt. Aufgrund materieller Sachzwänge verdrängen wir das tief in uns allen verwurzelte Verlangen, wirklich wahrgenommen werden zu wollen.

➡ **Anerkennung bedeutet, als Individuum für seine eigenen Fähigkeiten und Bemühungen erkannt zu werden.**

Mit der Erfahrung echter Anerkennung wächst gleichzeitig immer auch der Wunsch, diese erneut zu erleben beziehungsweise sie nicht wieder zu verlieren. Anerkennung ist somit die Grundlage für alle Bereitschaft. Das Ziel guter Führung müsste daher sein, bei allen Mitarbeitern die Bereitschaft zu wecken, sich eigenständig in die Gruppe einbringen zu wollen.

Um eine soziale Dynamik überhaupt erst zu ermöglichen, benötigen wir immer die Bereitschaft aller Beteiligten. Bereitschaft wiederum kann in einem kontrollierenden System gar nicht erst entstehen. Das Gegenteil ist sogar der Fall: Je mehr wir jemanden kontrollieren, desto geringer entwickelt sich dessen Bereitschaft, sich selbstständig in eine Gesellschaft einzubringen. Wir nehmen ihm nämlich durch die Kontrolle die Chance, durch eigenes Bemühen gefallen zu können.

➡ Oder einfacher gesagt: Kontrolle zerstört jede freiwillige Gemeinschaft!

Die Kontrolle ist immer das Instrument von Zwangsgemeinschaften und dient zur Überwachung und Durchsetzung von Tätigkeiten, die keinen direkten Nutzen oder Vorteil für die Betroffenen erkennen lassen und somit nur widerwillig oder gar nicht ausgeführt werden würden. Ein zwangsläufiges Werkzeug des Kontrolleurs ist die Begrenzung. Die Erkenntnis der umkehrpsychologischen Folgen von Begrenzungen dürfte verdeutlicht haben, wie sehr ein Vorhaben schon von Beginn an zum Scheitern verurteilt ist, das die wirre Idee vertritt, mit einem Konstrukt aus Verpflichtungen und Verboten ein harmonisches Miteinander zu schaffen. Merkwürdigerweise wird aber genau dieses Vorhaben von vielen vermeintlich Führenden favorisiert. Auch hier würde nur ein Blick auf die eigenen Bedürfnisse ausreichen, um den Widerspruch bei der Auswahl des Vorgehens erkennen zu können.

Wie bereits erwähnt, sollte die Zielsetzung einer jeden Führung die Bereitschaft der Gruppenmitglieder sein. Bereitschaft entsteht aber nur im Bezug zur Anerkennung. Bereitschaft – man könnte sie auch „das Wollen" nennen – bedeutet, dass wir jemanden nicht auffordern müssen, sich mit seinen Fähigkeiten einzubringen, sondern dass dieser ein unbedingtes Bestreben mit sich bringt, durch sein Bemühen zu gefallen.

➡️ **Dabei ist eine Erkenntnis von großer Bedeutung: Wollen kann man nicht erzwingen!**

Die wichtigste Aufgabe einer guten Führung besteht infolgedessen darin, ein vorhandenes Wollen bei den zu Führenden zu erwarten und zu fördern.

ANERKENNUNG FÖRDERT BEREITSCHAFT

Für unser eigenes Handeln erkannt und geschätzt zu werden stellt für viele von uns oft eine größere Motivation dar als das Versprechen oder die Aussicht auf eine materielle Belohnung. Natürlich gilt das vor allem in den Fällen, in denen uns wirtschaftliche Zwänge nicht dazu drängen, den „schnöden Mammon" vorzuziehen. Ein Gleichgewicht beider Komponenten – das heißt: eine finanzielle Unabhängigkeit in Verbindung mit einem entsprechenden Maß an Anerkennung – stellt natürlich das Ideal dar. Leider bleibt dieses Ideal allerdings in den meisten Fällen lediglich ein schöner Traum.

Wenn wir uns einmal den grundsätzlichen Unterschied zwischen der Anerkennung und der Belohnung vor Augen führen, wird vielleicht deutlich, welcher Konflikt unabdingbar durch die falsche Gewichtung dieser beiden Mittel entsteht. Die zwei Begriffe klingen zunächst identisch, bedeuten in meiner Interpretation allerdings eigentlich etwas Unterschiedliches und bewirken folglich auch Verschiedenes.

➤ Eine Belohnung wird verteilt, wenn wir etwas gut oder überhaupt gemacht haben, wozu wir vorher aufgefordert worden sind. Das Erkennen einer selbstständigen Leistung ist die Anerkennung, die wiederum die Bereitschaft fördert, auch in Zukunft selbstständig zu agieren.

Nehmen wir das Beispiel Hund: Die meisten Hundehalter fordern ihren Hund zu einem speziellen Verhalten auf. Wenn er das erwünschte Verhalten wirklich zeigt, freut sich der Mensch darüber und lobt seinen Hund. Weil das so viel Spaß macht, wird erneut aufgefordert, in allen möglichen Bereichen: „Komm von hierhin nach dahin!" – „Leg dich hierhin und dorthin!" – „Mach dies, mach das!" – und so weiter.
Hat der Hund irgendwann sprichwörtlich die Schnauze voll, wird er nachlässig. Langsam fängt er an, das gewünschte Verhalten nicht direkt auszuführen. Er beginnt zu verzögern

und schaut sich an, was „sein Mensch" denn nun wohl macht. Ganz einfach: Der Mensch fordert seinen Hund erneut auf, wieder und wieder – und wenn der Hund dann nach der vierten oder fünften Aufforderung endlich das erwünschte Verhalten zeigt oder ein unerwünschtes Verhalten sein lässt, wird wieder gelobt und sich tierisch gefreut. Folglich hat der Hund jetzt allerdings ein interessantes Bild von seinem Menschen gewonnen: Die Verzögerungstaktik hat gefruchtet, er wurde belohnt, obwohl er erst nach wiederholter Aufforderung folgsam war – für den Hund ist es daher so, als wäre er für die Verzögerung selbst belohnt worden, dafür, dass er sich mit der Ausführung des Befehls Zeit gelassen hat. Nun probiert er aus, in die Totalverweigerung zu gehen. Er nutzt beispielsweise bei einem Spaziergang jede Gelegenheit, um zu entwischen, bleibt minuten- oder stundenlang im Wald verschwunden, reagiert auf keine Rufe und kommt erst spät zurück – und siehe da, der Mensch freut sich immer noch, auch wenn manchmal vielleicht ein kleiner Wutanfall der Freude vorausgeht.

Viele Hundehalter nehmen ihren Hund nun wieder als dumm und wenig intelligent – also als geringer – wahr, weil er angeblich alles bisher Gelernte – zum Beispiel das schnelle Gehorchen, wenn er gerufen wird – vergessen hat. Man versucht also, ihm alles wieder neu beizubringen. Auch hier wird sich nach kurzer Zeit alles wiederholen, und der Hund wird seinem Menschen wiederum deutlich zeigen, für wie begrenzt er doch die menschlichen Mittel der Durchsetzung hält. So entstehen ein Teufelskreislauf und ein einheitliches Bild über die angeblich verminderte Auffassungsgabe unseres Hundes.

In der Hundeerziehung – und auch in der menschlichen Führungspolitik – geht es nie oder nur sehr selten um vorbereitende Maßnahmen für die Zukunft. Es gibt keine fördernden Anweisungen, die es dem Hund ermöglichen würden, von sich aus zu gefallen und sich selbst einzubringen, sondern man sieht nur begrenzende und auffordernde Mittel. Was diese Mittel allerdings bewirken und welche drastischen Folgen sie haben können, haben wir bereits gesehen (Stichwort: Umkehrpsychologie).

Eine meiner vorhergegangenen Feststellungen weist darauf hin, dass alle Säugetiere nach Notwendigkeit handeln, dass sie also nur so viel Energie in etwas investieren, wie es notwendig erscheint, um das gewünschte Ziel zu erreichen. Würden wir also Interesse an einer Gemeinschaft zeigen und feststellen, dass diese mit dem Mittel der Aufforderung arbeitet – das heißt: man verlangt von uns, etwas zu tun, und belohnt uns, wenn wir folgsam waren –, wäre die Notwendigkeit, sich zusätzlich mit eigener Anstrengung einzubringen, gleich null. Selbst bei noch anfänglicher Euphorie würde uns unsere hintergründige Effizienzsteuerung nach kürzester Zeit die Einstellung jeglicher unnötiger Bemühungen nahelegen oder – wie sagt man so schön – nur noch den „Dienst nach Vorschrift" verrichten.

➡ **Jede Form von Eigendynamik wird von notwendigkeitsbezogenen Lebewesen in der Situation einer permanenten Aufforderung aufgegeben.**

Wir lernen, nur noch bei einer Aufforderung mit dem Versprechen einer Belohnung aktiv zu werden. Aber auch diese wäre nicht die Garantie für eine Mehrbemühung, insofern sie nicht unserem Betrachten der momentanen Notwendigkeit entspricht.

Schlussfolgernd kann man feststellen: **Anerkennung fördert Bereitschaft, Aufforderung tötet sie!**

Die Notwendigkeitsbezogenheit entscheidet also, wie viel Energie wir für etwas sinnvollerweise einsetzen. Neben der Notwendigkeitsbezogenheit gibt es aber noch einen weiteren Aspekt, den wir uns einmal aus der Nähe anschauen sollten: Es ist die Wertschätzung oder die Beurteilung eines Wertes. Haben Sie sich schon einmal die Frage gestellt, welche Dinge Sie selbst als „von Wert" oder „wertig" bezeichnen? Also als etwas, wofür es sich zu kämpfen lohnt? Im Grunde genommen steckt die Antwort bereits in dem vorangegangenen Satz.

➡ Etwas stellt nur dann einen Wert für uns dar, wenn wir es durch eigene Bemühungen erreichen und/oder es bei Einstellung unserer Bemühungen wieder verlieren können.

Zuwendungen, die wir ohne diesen Hintergrund erhalten – etwa die Liebe der Eltern oder des langjährigen Partners, die sozialwirtschaftlich gute Lage in Deutschland, eine warme Mahlzeit am Tag oder fließendes sauberes Wasser aus der Leitung –, betrachten wir nach kurzer Zeit als selbstverständlich, empfinden sie also als völlig normal. Aus solchen vermeintlichen Selbstverständlichkeiten bilden wir unsere Ansprüche oder Standards, die nicht etwa unsere Dankbarkeit zur Folge haben, sondern sogar von uns „eingeklagt" werden, wenn sie nicht erfüllt werden. Auch wenn es gut gemeint war, ist es am Ende nicht ein wirklicher Gefallen, wenn uns jemand ohne die Erwartung unserer eigenen Bemühungen beziehungsweise Gegenleistung einen Vorteil verschafft. Im ersten Moment wird dieser zwar gerne angenommen, bereits nach wenigen Wiederholungen setzen wir ihn aber schon als einen neuen Standard voraus. Von diesem Moment an hat der Vorteil in unseren Augen seinen ursprünglichen Wert verloren. Wir schätzen ihn nicht mehr, wie wir es einst taten, und empören uns, wenn er uns vorenthalten wird.

➡ Würden wir Dinge, die für uns einen Wert darstellen, einer Werteskala von eins bis zehn zuordnen müssen, wäre die Anerkennung mit Sicherheit eine Zwölf.

Die Be- bzw. Entlohnung hingegen verändert je nach Lebensumstand beziehungsweise Notwendigkeit permanent ihre jeweilige Wertigkeitsposition, erreicht aber nur selten einen Spitzenplatz. Wenn eine Belohnung über die Wertigkeitsstufe acht steigt, wird es so oder so Zeit, in seinem Leben massive Veränderungen vorzunehmen. Aber das ist nur meine Meinung.

Mit dem Wissen über die hohe Wertigkeit der Anerkennung wäre es eigentlich ein Leichtes, sie als Grundlage jedes erfolgsorientierten Führungssystems zu verwenden. Allerdings ist die Voraussetzung dafür, den großen Wunsch nach Anerkennung bei sich selbst zu erkennen und auch für sein Gegenüber, das wir nicht länger als geringer wahrnehmen, vorauszusetzen. Immer wieder stößt man jedoch auf vermeintliche Motivationskonzepte, die diese wichtigen Faktoren außer Acht lassen.

Meine Behauptung ist also, dass das Erfahren von Anerkennung durch eigene Anstrengung vielen Säugetieren weit mehr wert ist, als eine Belohnung es je sein wird. Das erklärt sich wie erwähnt aus dem Umstand heraus, dass die Belohnung immer in Beziehung zur Aufforderung ihren Einsatz findet – und Aufforderung macht Selbstständigkeit nicht mehr notwendig. Die Belohnung ist somit eigentlich das Gegenteil von Anerkennung. Nur ein selbstständiges Einbringen kann mit echter Anerkennung beantwortet werden.

➡ Mit jeder eigenständigen Bemühung, die wir in eine Gemeinschaft einbringen, wächst somit auch das Maß der Anerkennung, aber genauso die Möglichkeit, diese wieder verlieren zu können.

Mit dieser Aussage schließt sich der Kreis, denn wir haben gerade die Grundbausteine jedes sozialen Motivationsantriebes erkannt. Gerade die Gefahr des Verlustes ist dabei der am meisten übersehene Motivationsbaustein. Da eben nicht, wie oft fälschlich vermutet, die Belohnung den Hauptantrieb unseres Handelns darstellt, scheitern nahezu alle Strategien, die sich diese als Basis ihrer Erfolgsberechnungen herangezogen haben. Neben der Anerkennung selbst ist nämlich das Erhalten des Vorhandenen ein weitaus größeres Motiv als die Aussicht auf eine vermeintliche, noch unbekannte Mehrleistung. Damit bestätigt sich wieder unser Wertverständnis.

➡ Es lässt sich nicht oft genug betonen: Von Wert ist in unseren Augen nur das, was wir durch eigene Bemühung erlangt haben und wieder verlieren können.

In diesem Zusammenhang wird vielleicht auch die Absurdität der Annahme der Dame in unserer Einstiegsgeschichte noch einmal besonders deutlich: Erinnern Sie sich noch, mit welcher Absicht sie die Unmengen an Gepäck auf dem Spaziergang mit ihrem Hund mit sich führte? Richtig! Sie wollte aufgrund eines Mangels an Aufmerksamkeit ihres Hundes durch eine Mehrbemühung ihrerseits seine Bindungsbereitschaft fördern. Aus all den Erkenntnissen, die wir bereits über das soziale Lebewesen erfahren haben, dürfte schnell die Ursache der Erfolglosigkeit ihres Unterfangens zu erkennen sein.

➡ **Wie das Wort „Bindung" es eigentlich schon in sich trägt, entsteht eine Bindungsbereitschaft ausschließlich bei der Gefahr des Verlustes.**

Sich an jemanden binden stellt immer auch den Versuch des Festhaltens dar. Doch: Warum sollten wir etwas festhalten wollen und uns selbst darum bemühen, was uns durch die Form seines Angebotes selbstverständlich erscheint?

Das Gegenteil ist auch hier wieder einmal der Fall: Je mehr sich die Dame bemüht, umso geringer wird die Notwendigkeit für den Hund, sich eigenständig zu binden. Eigentlich tragisch, aber leider keine Ausnahme. So wie zuvor in der humanen Betrachtung scheitern auch beim Umgang mit dem Hund sorgfältig ausgedachte Führungsideen grandios, ausschließlich aufgrund der Tatsache, dass man sich den uns Anvertrauten nur oberflächlich angeschaut hat. Das Verwechseln seiner Motive „Anerkennung" und „Belohnung" hat hierbei drastische Folgen.

Dabei ist Anerkennung noch nicht einmal aufwendig. Sie benötigt keine Reisetasche. Es ist die kleine Geste, mit der wir unserem „Partner" zu verstehen geben, dass wir ihn in seinem Bestreben erkennen. Allein wenn in einer großen, häufig anonymen Gemeinschaft jemand unseren Namen kennt, vielleicht sogar Persönliches von uns weiß (die NSA und Facebook natürlich ausgeschlossen), empfinden wir das bereits als Ausdruck der Anerkennung. Je höher das Ansehen dieser Person ist, umso größer ist unser Wunsch, deren Aufmerksamkeit nicht zu verlieren und sie wieder zu erfahren.

Anerkennung kann Wunder bewirken. Trifft sie jemanden, der sich bis dahin nur durch destruktives Verhalten bemerkbar machen konnte, werden wir nun eine Wandlung erleben, die zum Beispiel durch eine Belohnung nie möglich gewesen wäre. Im Gegensatz zur Belohnung wirkt die Anerkennung nämlich nicht nur in dem Moment der Bestätigung eines Handelns selbst, sondern hat auch eine unmittelbare Auswirkung auf alle zukünftigen Bemühungen und Anstrengungen des Begünstigten.

➤ **Erhalten wir die Chance, durch positives Verhalten gefallen zu können, sind die Grenzen unserer Hingabe nun nach oben offen.**

Es ist eben ein überragendes Gefühl, wenn sich jemand für uns interessiert, und auch ein guter Zeitpunkt, sich sein Gegenüber noch einmal unter der Berücksichtigung seiner Gleichwertigkeit anzuschauen. Und vielleicht fällt es uns danach viel leichter, ihm zu sagen:

➤ **„Ich sehe dich ... und erkenne mich!"** ■

KAPITEL 7

WENN DU LICHT BRAUCHST, MUSST DU STRAMPELN!

■ Als es klopfte und er das Gartentor öffnete, stand sein neuer Nachbar knurrend vor ihm – ja, der Mensch selbst knurrte, bevor hier irgendwelche Missverständnisse auftauchen. Nach einem kurzen Moment der Irritation wurde ihm klar, dass das Knurren gar nicht ihm galt, sondern dem vom neuen Nachbarn mitgebrachten Hund, der gerade im Begriff war, dem Gastgeber des heutigen Grillvergnügens überaus dankbar seine Aufwartung zu machen. Mit ebendiesem Knurren und einem gewaltigen Ausfallschritt versperrte der Nachbar nun seinem aufgeregten Vierbeiner den Weg. „Die oberste Regel der Hundeführung lautet: ‚Der Führende geht immer voran‘", erklärte der Gast. In einem Hunderudel wäre es von nicht zu unterschätzender Bedeutung, wer zuerst einen Raum betrete, denn es untermauere den Führungsanspruch des Leithundes. Der Gast betrat nun also als Erster den Garten, und in einem gebührenden Abstand – durch erneutes menschliches Knurren und zusätzliche Zischlaute gebremst – folgte ihm der Hund ... ein wenig später auch die Ehefrau. Der Gastgeber war erstaunt und erkundigte sich interessiert nach der Quelle all dieser fundierten Sachkenntnisse. Da es ihr erster Hund sei und man nichts falsch machen wollte, habe man sich von vornherein dafür entschieden, die Ausbildung des Hundes durch einen professionellen Trainer begleiten zu lassen, erklärte der Gast. Ohne dessen Fachkompetenz hätte man die Wichtigkeit des artgerechten Umgangs vollkommen unterschätzt. Jetzt verstand der Gastgeber das Knurren und Zischen seines Nachbarn: Es war artgerecht! Man lernte ja nie aus! Nach dem Austausch dieser neuen Erkenntnisse und einem kurzen humangerechten Begrüßungsritual wollte er seine Gäste nun zu den Sitzplätzen führen und den angenehmen Teil des Abends einleiten.

Doch bevor er sein Vorhaben in die Tat umsetzen konnte, bat ihn sein Besucher, den Garten zuerst vor den Augen seines Hundes alleine begehen zu dürfen. Es wäre von immenser Wichtigkeit, dass sein Hund sehe, dass er, das Alphatier, immer erst die Lokalität, in die er sein Rudel führe, inspiziere und absichere. Dem konnte der Hausherr aus Höflichkeit natürlich nicht widersprechen. Er wollte ja schließlich nicht schuld daran sein, dass der Hund aufgrund fahrlässig vernachlässigter Rituale seine innere Mitte verlor. Nachdem der neue Nachbar seinen Hund am Gartenzaun angebunden hatte, begann er, die Grenzen des Grundstückes abzuschreiten. Plötzlich hielt er inne, griff in seine Jackentasche, holte eine Sprühflasche hervor und bestäubte mit einem imposanten Nebel die Rasenkanten des Gartens. Das sei eine Empfehlung des Trainers, kommentierte nun die Ehefrau des Gastes. Da unter natürlichen Umständen das besagte Alphatier den Revieranspruch mittels Markieren durch einen Urinstrahl besiegeln würde, hätte ihr Mann nun immer eine Flasche mit Eigenurin bei sich, damit er dieser Pflicht auch ohne vorhandenen Harndrang nachkommen könne. Auf diese geniale Idee wären sie ohne professionelle Hilfe nicht gekommen.

Der Hausherr rang nach Luft. Doch bevor er gänzlich seine Fassung verlor, sammelte er sich und beruhigte sich mit der Vorstellung, dass diese Leute sicher nur seinen Humor testen wollten und auf diese Art und Weise versuchten herauszufinden, ob er ein umgänglicher Zeitgenosse sei. Wie sonst wäre das alles zu erklären? Das Knurren, das Zischen und das Markieren – aus dieser Betrachtung machte es auf einmal einen Sinn. Beinahe wäre er sogar darauf reingefallen. Er ließ sich nicht anmerken, dass er sie durchschaut hatte, und begann mitzuspielen, indem er den Spieß einfach umdrehte. Geistesgegenwärtig räumte er das Gartenmobiliar zur Seite und schmiss das noch rohe Grillgut in die Mitte der jetzt freien Rasenfläche. Er bat seine Gäste, sich wie zu Hause zu fühlen und sich zu bedienen. Für den Fall, dass jemand Durst habe, verwies er auf den Schwimmteich. Vollkommen indigniert schauten sich die Gäste an und verließen auf der Stelle das Grundstück. Das müsste doch ganz im Sinne ihres Experten sein, rief er den davoneilenden Nachbarn noch hinterher und dachte sich, dass sie offensichtlich doch keinen Spaß verstehen würden, und das, obwohl sie schließlich damit angefangen hatten. Einen kurzen Moment lang überfielen ihn dennoch Zweifel: Könnten sie es am Ende tatsächlich doch ernst gemeint haben? Er dachte nur kurz darüber nach und war sich sicher, dass es sich nur um einen Scherz gehandelt haben konnte. Knurren und Markieren, ja klar! Seit wann wird man denn hündisch, wenn ein Hund in die Familie kommt?

Wie wir im vorherigen Kapitel „Ich sehe dich" erfahren haben, wird die Bereitschaft aller Beteiligten benötigt, um eine gut funktionierende soziale Dynamik zu erlangen. Diese Bereitschaft muss sich bei jedem einzelnen Individuum frei entwickeln, muss von ihm selbst ausgehen und kann nicht aufgezwungen sein. Doch was können wir mit dieser Information konkret anfangen, welche Konsequenz hat sie für das Zusammenleben in einer Gruppe? Aus der vorangegangenen Geschichte wird relativ deutlich, wie die allgemeine Regel lauten muss: Eine Gruppe darf sich nie dem Kommenden, also beispielsweise dem neuen Gruppenmitglied, anpassen. Sie würde damit jede noch anfängliche Bereitschaft zur Integration verhindern.

Wenn wir die Vorzüge einer Gemeinschaft nutzen wollen, müssen wir zu Beginn immer bereit sein, ihre schon vorhandenen Regeln zu erkennen und diese zu respektieren. Allen voran lautet dabei die Präambel jeder funktionierenden Gesellschaft:

➡ Der Kommende muss immer der Wollende sein!

Oder genauer gesagt: Wir können nur jemanden in unsere Gruppe aufnehmen, dessen Bereitschaft (also: Wollen), sich zu integrieren, eindeutig vorauszusetzen ist. Damit alle Vorzüge, die durch die Aufnahme in eine neue Gemeinschaft entstehen, von dem Bewerber auch in ihrer Wertigkeit geschätzt werden können, müssen wir darauf achten, dass diese nur im Zusammenhang von vorher formulierten Verteilungsregeln erfahren werden können. Die erste Frage, die wir dem Interessenten stellen, darf nicht lauten, was wir für ihn tun können, sondern was er bereit ist, für das Wohl der Gesellschaft zu investieren.

Sie erinnern sich noch an die Wertigkeitsaussage? Einen wirklichen und beständigen Wert stellt nur etwas für uns dar, das wir durch eigene Bemühung erarbeitet haben und/ oder wieder verlieren können. **Letztendlich würden wir jemandem sogar schaden, wenn wir ihm ohne die Erwartung einer Gegenleistung die Privilegien unserer Gemeinschaft**

anbieten. Unter einer solchen Voraussetzung würden diese nämlich nicht als die Privilegien verstanden werden können, die sie eigentlich sind, sondern als Standards empfunden werden. Standards wiederum werden als Selbstverständlichkeiten angesehen und haben somit keinen wirklichen Wert – es lohnt sich nicht, für sie zu kämpfen und eigenen Einsatz zu zeigen. Am Ende werden sie sogar eingeklagt, wenn sie einmal nicht erfüllt werden können. Auch wenn es von uns vielleicht großzügig beabsichtigt war, verursachen wir mit dieser Form von Verteilung auf Dauer nicht Zufriedenheit, sondern legen bereits zu diesem frühen Zeitpunkt den Grundstein des Unglücklichseins. Ist es nämlich nicht möglich, durch eigene Bemühung zu gefallen, besteht für uns keinerlei Hoffnung, Anerkennung zu erfahren. Für ein Individuum, dessen größter Antrieb die Anerkennung ist, dürften die Folgen dieses falschen Umganges dramatisch sein.

➡ **Wir müssen verstehen, dass ein gerechtes Verteilungsprinzip nicht ein Mittel der Gängelung, sondern vielmehr zwingend notwendig ist, um überhaupt erst die Dynamik einer sozialen Gemeinschaft zu ermöglichen.**

Die ideale Dynamik einer Gruppe lässt sich an dem Modell eines Dynamos erklären – jener kleine Generator, der an einem Fahrrad die Beleuchtung ermöglicht. Er produziert nur dann Strom, wenn wir durch eigene Kraft das Fahrrad in Bewegung halten. Je nach Intensität unserer körperlichen Bemühungen schwankt die Helligkeit der zu versorgenden Lichtquelle. Das heißt, wir nehmen durch unsere Anstrengung Einfluss auf ihre Leuchtkraft. Bei einer höheren Investierung unseres körperlichen Einsatzes wird somit mehr Ausleuchtung erreicht. Umgekehrt bedeutet es aber auch, dass es bei Einstellen unserer Aktivität dunkel wird.

Übertragen wir dies auf das ideale Verteilungsmodell einer sozialen Gemeinschaft, könnten wir das Licht, das durch unseren Einsatz entsteht, mit dem zu erreichenden Ansehen beziehungsweise der Anerkennung innerhalb einer Gruppe gleichstellen.

Auf die Gruppendynamik übertragen heißt das also: **Je höher unser Bemühen ist, umso größer ist auch die fließende Anerkennung.**

Mit dem Wachsen der Anerkennung sollten natürlich auch die materiellen Vorzüge proportional steigen. Es wird uns nichts geschenkt. Wir allein nehmen durch das Maß unserer Bemühungen Einfluss auf das Maß unseres Ansehens. Die Gruppe stellt dabei den Dynamo zur Verfügung. Ob das Licht leuchtet und wie intensiv – das liegt ausschließlich an den Händen beziehungsweise Beinen des „Kommenden".

Jeder Verband kann dabei unterschiedliche Verteilungsregeln, sprich: unterschiedliche Dynamos einsetzen. Leuchtet bei dem einen schon bei den ersten Umdrehungen das Licht, bietet aber keine großen Steigerungen mehr an, kann bei einem anderen Generator erst nach dem Beweis einer bleibenden gleichmäßigen Bemühung die Ausleuchtung einsetzen, diese aber bei Erhöhung der Intensität eine außerordentliche Verbesserung der Lichtausbeute garantieren. Ein Dritter wiederum benötigt vielleicht einen kontinuierlich extremen Kraftaufwand, stellt aber selbst bei vorübergehender Einstellung der Anstrengung angesparte Energiereserven zur Verfügung.

Diese drei möglichen Beispiele sind natürlich nur ein kleiner Ausschnitt aus einer Vielzahl individueller Verteilungsvarianten. Für welche auch immer wir uns entscheiden, am Ende haben sie alle eins gemein: Sie funktionieren nur, solange sie das vorherige Verteilungsversprechen halten.

Denn: **Das Einhalten eines Versprechens stellt für uns alle wohl den wertvollsten Grundstein des sozialen Zusammenlebens dar.** Es garantiert die Zuverlässigkeit des Verantwortlichen und bildet das Fundament des Vertrauens.

Den idealen Zustand der Ausgewogenheit zwischen der investierten Bemühung und der damit erfahrenen Anerkennung könnte man auch Verteilungsgerechtigkeit nennen. Allein das Wissen um eine solche Verteilungsgerechtigkeit erfüllt schon in einem großen Maße unser Bedürfnis nach

Sicherheit. Das Gefühl, nicht gerecht behandelt zu werden beziehungsweise intransparenten und somit nicht nachvollziehbaren Beurteilungen ausgeliefert zu sein, hat bestimmt ein jeder von uns schon einmal empfunden. Es bedarf wahrscheinlich keiner weiteren Erklärung, welchen Unfrieden Ungerechtigkeit in einer Vereinigung nach Anerkennung suchender Egoisten auslösen kann.

Wir müssen daher immer beachten: **Nur ein gerechtes Regelwerk ermöglicht es überhaupt erst, ein „Wir-Gefühl" entwickeln zu können.**

In diesem Zusammenhang erkennt man auch die besondere Aufgabe einer guten Führung: Mit Hilfe des Wissens um die individuellen Bedürfnisse ihrer Mitglieder muss sie die Motivation einer Gruppe fördern und die Einhaltung der Verteilungsregeln gewährleisten.

➡️ **Eine gerechte Verteilung der Ressourcen fördert auch immer das Wollen der Beteiligten.**

Doch damit nicht genug. Das, was in den vorherigen Kapiteln nach und nach aufgebaut wurde, findet hier Anwendung. Denn: Der Wunsch nach einer dermaßen gerechten Welt lässt sich nur bei der Bereitschaft verwirklichen, alle Beteiligten als gleichwertig wahrzunehmen.

➡ Nur die Erkenntnis der Gleichwertigkeit ermöglicht Gerechtigkeit.

Dazu fällt mir ein Zitat des Anthropologen Paul Farmer ein, dem es eigentlich nichts hinzuzufügen gibt: „The idea that some lives matter less is the root of all that is wrong with the world." („Die Vorstellung, dass einige Leben weniger wert sind als andere, ist die Wurzel allen Übels in dieser Welt."

Den größten Feind der Gleichwertigkeitsbetrachtung stellt dabei das – leider immer noch sehr populäre – Denkmodell der Hierarchie dar. Hierarchie ist sozusagen das Gegenteil von Gleichwertigkeit, denn die hierarchische Einteilung impliziert immer eine Abstufung innerhalb der Wertigkeit der in diese Ordnung eingestuften Personen.

Dabei bedient man sich zwecks der grafischen Darstellung einer Hierarchie gerne des Modells der Pyramide, an deren Spitze immer der Führende thront. Aus dieser Sichtweise entsteht der Eindruck, dass es in einer Gemeinschaft zwangsläufig ein Oben und ein Unten geben muss. Fast schon manisch kommt einem der Versuch vor, den natürlichen Ursprung einer solch absurden Gesellschaftsordnung zu beweisen. Selbst der von dem Sozialphilosophen Herbert Spencer geprägte Ausdruck „Survival of the fittest", der später von Charles Darwin genutzt wurde, um sein Verständnis der natürlichen Selektion zu erklären, wird in Kreisen derer, die ihr Machtbedürfnis auf den Rücken anderer ausleben, nur allzu gern als Rechtfertigung ihres asozialen Verhaltens herangezogen. Darwins Ansatz bestand darin, darzustellen, dass die hohe Anpassungsfähigkeit, nicht die Rücksichtslosigkeit einer Spezies, gleichzeitig die Sicherung ihres Fortbestandes begünstige. Wer auch immer sich die Nummer mit dem „Recht des Stärkeren" ausgedacht hat – die Natur war es nicht!

Besonders amüsant ist in diesem Zusammenhang die in diesem Buch entwickelte Erkenntnis, dass das so große Verlangen der Selbsterhöhung auf der puren Unsicherheit vor dem Unbekannten beruht. Sollte sich in Zukunft jemand über Sie erheben wollen, lächeln Sie ihn an, denn er hat nur Angst vor Ihnen!

Ein Mitglied eines Verbandes, das hohes Ansehen genießt und Anerkennung erfährt, hat es gar nicht nötig, sich über andere zu erheben. Sein Wissen und seine Erfahrung alleine sind schon Grund genug, sich an ihm zu orientieren. Er wird als Zentrum, nicht aber als Spitze einer Gemeinschaft wahrgenommen. Eine solche Gemeinschaft würde sich nicht mit dem Modell einer hierarchischen Pyramide darstellen lassen: **Vielmehr würde sich ein Kreis um diesen Verband eignen, um die Geschlossenheit der Gruppe zu symbolisieren.**

Ausgehend von der Gleichwertigkeit des Einzelnen besteht für jedes Mitglied die Möglichkeit, durch die eigene Anstrengung mehr Anerkennung zu erfahren und seine Stellung innerhalb der Gemeinschaft nach eigenen Bedürfnissen selbst zu definieren. Alle Stellungen, die dabei zu erreichen sind, befinden sich auf einer Ebene. Es gibt somit nicht die Empfindung des Geringeren. Aber keine Angst: Wir sprechen hier nicht von der in letzter Zeit viel beschworenen flachen Hierarchie, denn es ist keine. Stattdessen meine ich eine natürliche eigendynamische Ordnung einer Gruppe, die aus dem Wunsch nach Sicherheit ein selbstständiges Bestreben nach einer stabilen Grundstruktur aufweist. Eine solche Gemeinschaft braucht keine Begrenzung oder Kontrolle. Eher im Gegenteil: Sie würde durch einen „Durchsetzer" zerstört werden.

➡ Diese Gruppe sucht nach einer Führung, die aus ihrer Mitte heraus im Sinne der Gemeinschaft Entscheidungen trifft und ein gerechtes Regelwerk aufrechterhält.

Bestünde ein ernsthaftes Interesse daran, die Natur zur Untermauerung sozialer Umgangsformen heranzuziehen, bin ich davon überzeugt, dass so mancher Vertreter der „Recht des Stärkeren"-Fraktion in Erklärungsnöte kommen würde, müsste er anhand beweisbarer Istwerte seine rücksichtslosen Verhaltensweisen rechtfertigen. Schon bei der Beobachtung familiärer Verbände lässt sich durchaus verdeutlichen, dass das Motiv gemeinsamer Bemühungen nicht von permanenten Expansionsgelüsten bestimmt wird, sondern vielmehr von der großen Fürsorge, die man für jedes einzelne Mitglied empfindet. Diese Verantwortung veranlasst uns dazu, einen Kreis um unsere Gruppe zu schließen, um sie vor möglichen Gefahren zu schützen. Insbesondere mit Blick auf die natürlichen Bedrohungen von außen wird uns aber sehr schnell deutlich, dass ein kleiner familiärer Verband allein nur geringe Chancen hat, den Herausforderungen zu trotzen. Schon früh schlossen sich daher Familien mit gemeinsamen Zielen zu Kooperationen zusammen. Zwei oder mehrere Gruppen bilden dabei einen gemeinsamen, größeren Kreis um sich und treten nun gegenüber möglichen Aggressoren als starke Einheit auf. Obwohl die Souveränität jeder einzelnen Familie erhalten bleibt, verbindet sie nun ein gemeinsames Regelwerk. Dieses Modell lässt sich beliebig erweitern und kann noch heutzutage in einem übertragenen Sinne durchaus als Basis einer modernen Gesellschaftsentwicklung verstanden werden. Gemeinsame Regeln verbinden!

DER GESCHWISTERKONFLIKT

Die Vorstellung der Gruppe als ein Kreis in einem Kreis veranschaulicht nachvollziehbar die Beziehungen und Dynamiken, die daraus entstehen können. Da es sich bei jeder Gruppe um eine Ansammlung individueller Persönlichkeiten handelt, kann es durchaus – außerhalb von Krisenzeiten, in denen die Gruppe aufgrund einer Bedrohung von außen als Einheit agiert – zu internen Positionswettkämpfen kommen. Diese dienen in der Regel nur der eigenen Findung und sind selten von einer nachhaltigen Ernsthaftigkeit. Wenn es darauf ankommt, stehen wir wieder wie eine Mauer zusammen. Wer Geschwister oder eigene Kinder hat, weiß bestimmt, was ich mit dieser Anspielung meine: Denkt man noch in dem Moment eines unschönen Konfliktes mit jenem Geschöpf, das unverdientermaßen auch noch den gleichen Nachnamen wie man selbst trägt, über das traumhafte Leben eines Einzelkindes nach, verändern sich diese Fronten schlagartig, wenn es um die gemeinsame Interessenvertretung gegenüber der Opposition der erwachsenen Mitbewohner geht. Aber wehe, jemand Außenstehendes wagt es, etwas Schlechtes über die Eltern zu sagen!

➡ Konkurrenzen im eigenen Verband sind normal. Da jedes Lebewesen den Wunsch nach Anerkennung hat, versucht auch jedes auf seine Art, die Gunst der Gruppe, insbesondere die der respektabelsten Persönlichkeit, zu gewinnen.

Bei dieser Suche wird immer die Strategie verfolgt, die am erfolgreichsten Aufmerksamkeit bindet. Aufmerksamkeit ist in vielen Fällen mit Anerkennung gleichzusetzen und heißt, wie schon bekannt, für sein eigenes Handeln wahrgenommen zu werden. Das Problem dabei besteht oft darin, dass in vielen Gruppen im Vorfeld gar nicht oder nur fragmentarisch aufgezeigt wurde, welche Verhaltensweisen erwartet werden beziehungsweise welche man zu fördern bereit wäre. Deutlicher wiederum wird gerne der Katalog der Repressalien aufgezeigt, die uns erwarten, sollten wir nicht im Sinne der Gemeinschaft handeln. Wie gesagt besteht aber die Problematik darin, dass viele Gemeinschaften eben diesen Sinn gar nicht erkennbar machen. Streng nach dem Motto „Kein Tadel ist Lob genug" gehen viele Vorgesetzte davon aus, dass ihr Gegenüber um ihre Zufriedenheit weiß, wenn es gerade mal keinen Anschiss gibt.

„Willst du einem Arbeitnehmer mal einen ordentlichen Schrecken einjagen, dann lobe ihn." – Dies ist leider noch immer ein funktionierender Gag, bei dem jeder sofort weiß, was gemeint ist, und bestimmt auch eine passende Person vor Augen hat. Allein die Tatsache, dass der Witz noch funktioniert, macht deutlich, wie sehr der Missstand fehlender Anerkennung nach wie vor unser tägliches Leben bestimmt. Hat jemand den Wunsch, in einer solchen Gemeinschaft aufzufallen, bleibt ihm meistens nichts anderes übrig, als durch negatives Handeln Beachtung zu produzieren. Darin ist zumindest die Garantie beinhaltet, wahrgenommen zu werden. Und das ist bekanntlich immer noch besser, als gar nicht gesehen zu werden.

Besonders auffällig wird diese Vorgehenstechnik, wenn man in der Konkurrenz mit einem weiteren Mitglied des eigenen Verbandes steht. Stellvertretend für alle anderen sozialen Gemeinschaften kann dabei wieder die Familie herangezogen werden, um ein besonderes Phänomen sichtbar zu machen: den Geschwisterkonflikt. Im Wettstreit um die Gunst der Eltern fällt auf, dass jedes Kind seine eigene individuelle Technik entwickelt, um erfolgreich die Aufmerksamkeit auf sich zu ziehen. Um sich von seinen Geschwistern abzugrenzen, werden sogenannte konkurrierende Modelle entwickelt. Dabei lässt sich beobachten, dass bei altersnahen, eventuell noch gleichgeschlechtlichen Konstellationen die intensivsten Auseinandersetzungen geführt werden. Bei der Suche nach dem erfolgreichsten Mittel, wahrgenommen zu werden, spielt der Wunsch der eigenen Individualität eine entscheidende Rolle. Das bedeutet, dass das Modell des Konkurrenten natürlich nicht verwendet werden kann. Man will sich schließlich unterscheiden beziehungsweise abgrenzen. Daher sieht die Realität oft so aus: Punktet Geschwisterkind Nummer eins mit guten Leistungen in der Schule und entspricht auch in allen anderen Bereichen den

Vorstellungen der Eltern, glänzt Geschwisterkind Nummer zwei mit destruktivem Verhalten und brennt sprichwörtlich die Schule ab. Das schwarze Schaf. Raten Sie doch einmal, welches Verhaltensmodell in diesem Wettbewerb die höchste Aufmerksamkeitspunktzahl erreicht …

Unsere Neigung, die aus der eigenen Notwendigkeitsbezogenheit hervorgeht, lieber zu reagieren als zu agieren, ist häufig verantwortlich dafür, dass wir eher destruktive Verhaltensweisen registrieren, als prophylaktisch positive zu fördern.

➡ **Es fällt uns anscheinend leichter, mit einem spektakulären Aufwand zu versuchen, das Kind zu retten, das bereits in den Brunnen gefallen ist, als den Brunnen vorher einfach vorsorglich abzudecken.**

Obwohl wir das einzige Säugetier sind, das die überaus bemerkenswerte Gabe besitzt, sich eine mögliche – auch weit entfernte – Zukunft vorstellen und somit durch gezielte Vorplanung Einfluss auf die eigene Entwicklung nehmen zu können, ist es auffällig, wie selten wir von ihr Gebrauch machen.

Die aus dem Geschwisterkonflikt hervorgegangene konträre Verhaltensweise können wir vergleichbar in jedem sozialen Verband wiederfinden. Dieses Schwarz-Weiß-Prinzip sagt aber nichts über die eigentliche wahre Persönlichkeit seiner Anwender aus, sondern dient ausschließlich der Abgrenzung gegenüber dem direkten Konkurrenten. Die jeweiligen Betroffenen zeigen somit immer genau das gegenteilige Verhalten zu dem bereits vorhandenen.

Das „Schwarze Schaf"-Phänomen ist immer ein deutliches Indiz für ein Führungsproblem innerhalb einer Gemeinschaft: **Negatives Konkurrenzverhalten, so könnten wir diese Auffälligkeit auch nennen, weist darauf hin, dass der Dynamo der Verteilung nicht richtig eingestellt wurde und Fehlverhalten mehr Anerkennung generiert als eine produktive Beteiligung.**

Die Ursachen dieser fehlerhaften Einstellungen dürften uns mittlerweile bekannt sein. Stellvertretend lässt sich auch hier wieder an dem Umgang mit unserem Hund verdeutlichen, welche Fehleinschätzungen den beschriebenen Mangel begünstigen. Wenn sich eine Gemeinschaft den vermeintlichen Bedürfnissen des „Kommenden" anpasst, kann sie sich nicht mehr authentisch verhalten, und das Chaos ist vorprogrammiert. Die Folgen können dramatisch sein. Wir könnten so enden wie unser Hundefreund: Wir fangen an, unsere Mitmenschen anzuknurren, entwickeln einen schier unstillbaren Drang, unser Revier zu markieren, und ... werden nicht mehr zum Grillen eingeladen. ■

KAPITEL 8

PRIMUS INTER PARES

■ Ich bin mir nicht sicher, ob es Ihnen auch so geht. Wann immer das Thema „Führung" zur Sprache kommt oder darüber zu lesen ist, entsteht für mich der Eindruck, dass das gesamte irdische Leben nur in zwei Gruppen einzuteilen wäre: diejenigen, die führen, und die andern, die die Gnade der Führung erfahren dürfen. Oder einfach auf den Punkt gebracht: Wölfe und Lämmer. Interessanterweise sind es auch immer die selbst ernannten Wölfe, die am leidenschaftlichsten über das Thema diskutieren und den Anschein aufrechterhalten wollen, dass das Schicksal der Lämmer von ihrem Großmut abhängig wäre.

➡ Es ist an der Zeit, den sogenannten Wölfen zu erklären, dass sie gar keine Wölfe sind, sondern nur verirrte Schafe.

Das Grundübel besteht noch immer darin, dass die Führung und die zu Führenden nach wie vor als separate Gruppen betrachtet werden. Dieses verzerrte Bild ist fälschlicherweise aus dem Versuch, die Welt in eine hierarchische Ordnung einteilen zu wollen, entstanden. Aus dieser Perspektive muss der Eindruck entstehen, dass es in einer Gesellschaft immer ein Größer und ein Kleiner gibt. Es drängt sich die Frage auf, ob das Modell der Hierarchie überhaupt noch zeitgemäß ist oder sogar – als Verursacher der häufigsten Führungskonflikte – beseitigt werden muss. **Wenn sich Führung nicht mehr als gleichwertiges Zentrum einer Gemeinschaft wahrnimmt (als „Primus inter pares" – „Erster unter Gleichen"), sondern sich über diese stellt, hat sie sich selbst jede Existenzberechtigung genommen.** Denn wahre Führung fließt nicht von oben nach unten, sondern wirkt aus der Mitte der Gesellschaft heraus.

Ich halte den Zeitpunkt für angemessen, diejenigen zu Wort kommen zu lassen, die Führung am meisten betrifft. Es ist am Ende nicht wirklich hilfreich, wenn weiterhin Blinde anderen Blinden versuchen, Farbe zu erklären.

➡️ **Führung ist immer das Bindeglied aller Gemeinschaften und sollte niemals deren Geißel sein.**

Aus der Auswertung aller unserer bisherigen Erkenntnisse lässt sich sehr präzise formulieren, welche Erwartung eine Gemeinschaft an ihre Führung stellt:

➡ Wir suchen keinen Bestimmer. Wir suchen einen Entscheider!

Der Unterschied scheint oberflächlich nur gering zu sein, schaut man aber auf die Details, wird das Ausmaß einer nur kleinen Verschiebung der Bedeutung der Begriffe sofort sichtbar. Wir wollen nicht bevormundet werden. Auch wenn jeder von uns bereit ist, sich mit der Gesamtheit seines Könnens in die Gesellschaft einzubringen, wird dieser Wunsch abrupt gebremst, wenn man uns die eigene Wahl nimmt. Somit ist die wichtigste Voraussetzung für eine erfolgreiche Führung, dass sie das Vertrauen der Gemeinschaft genießt. Auch im Bezug zur Vertrauensbildung erkennen wir, dass es dabei nicht darum geht, es jedem recht zu machen. Vielmehr ist es die Zuverlässigkeit des Handelns, aus dem sich das Vertrauen entwickelt. Jemand, der bereit ist, Verantwortung für eine Gemeinschaft zu übernehmen, sollte nicht den Wunsch haben, von jedem geliebt zu werden. Zu keinem Zeitpunkt wird man „Everybody's Darling" sein. Ein verantwortungsvoller Führender nimmt das bewusst in Kauf, weil er immer im Sinne der Gesamtheit handelt und sich selbst dabei nachrangig wahrnimmt. Narzissten sind hier vollkommen fehl am Platz. Es ist seine Verlässlichkeit, an der der Führende gemessen wird. Er würde sich selbst nie als perfekt oder fehlerfrei bezeichnen. Nur damit bleibt er jederzeit offen für die Bedenken oder Zweifel seines Umfeldes. Gerade an dem Umgang mit Kritik kann man die Fähigkeit eines Souveräns erkennen. Eine berechtigte Kritik anzunehmen ist für ihn keine Schwäche. Tatsächlich wird seine Bereitschaft, gegenüber sich selbst und anderen auch Fehler einzugestehen, von seinem Umfeld als Stärke empfunden.

Jedem, der vor der Verantwortung der Führung aus der Angst heraus scheut, dass unpopuläre Entscheidungen dazu führen könnten, nicht gemocht oder geliebt zu werden, dem sei gesagt, dass das Gegenteil eintreten wird. Sind nicht genau die Personen, die permanent versuchen, sich bei jedem beliebt zu machen, diejenigen, die wir zutiefst verachten? Und lieben wir nicht genau die Menschen am meisten – und das, obwohl wir vielleicht nicht jede ihrer Entscheidungen gutgeheißen haben –, die uns trotzdem durch ihre Zuverlässigkeit immer das Gefühl von Sicherheit vermittelt haben?

Der Wunsch, geliebt zu werden und Anerkennung zu erfahren, beziehungsweise die Angst, diese Liebe zu verlieren, ist im Übrigen der häufigste Grund, der auch Hundehalter dazu bewegt, echte Führungsverantwortung abzulehnen. Bei genauerer Betrachtung ist das sogar nachvollziehbar, da gerade in dem Bereich der Hundeerziehung nach wie vor diktatorische Gedankenmodelle an der Tagesordnung sind. Hier ist der Konflikt geradezu vorprogrammiert, wenn die

Forderung nach absolutem Gehorsam auf das Bedürfnis, gemocht zu werden, trifft.

Allen voran stellt die Forderung, immer konsequent sein zu müssen, die Spitze dieses idiotischen Hirngespinstes dar. Da hat mal wieder jemand nicht nachgedacht. Denn sonst wäre doch mit Sicherheit aufgefallen, dass eine konsequente Person niemals in der Lage sein wird, wirklich zu führen. Das Gegenteil ist sogar der Fall. Konsequenz darf dabei keinesfalls mit Verlässlichkeit verwechselt werden. Auch wenn das „Konsequentsein" von den Durchsetzern nur allzu gern als Stärke beschworen beziehungsweise viel mehr noch als zwingende Voraussetzung eines Führungserfolges eingefordert wird, sollten wir uns das Ganze einmal aus einer anderen Perspektive anschauen. Grundsätzlich ist immer eine gewisse Skepsis angebracht, wenn eine vermeintlich so erstrebenswerte Eigenschaft auf eine auffällig hohe Abneigung stößt. Genauer betrachtet werden wir nämlich etwas Unerwartetes vorfinden:

➡️ **Konsequente Menschen sind sehr unsichere Menschen.**

Aus Angst davor, eigene Entscheidungen treffen zu müssen, haben sie sich eine Struktur geschaffen, die ihnen hilft, genau dies zu vermeiden. Sie verhalten sich immer nach dem gleichen Muster. Verändert sich die Abfolge, sind sie nicht in der Lage, sich auf die neuen Umstände einzustellen – und ihre kleine, sehr eingeschränkte Welt fällt wie ein Kartenhaus in sich zusammen. Diese Neigung, sich strikt an Ablaufpläne zu halten, ohne eventuelle Abweichungen zu berücksichtigen, macht den Konsequenten zum idealen Werkzeug eines Diktators. Zeitgleich schließt es ihn aber von jeder verantwortungsvollen Tätigkeit aus. Geben Sie zum Beispiel einem wirklich konsequenten Menschen den Auftrag, während Ihres Urlaubs täglich um 16 Uhr Ihren Rasen zu sprengen, können Sie sich sicher sein, dass er dieser Aufgabe gewissenhaft nachkommt. Auch wenn es regnet!

Schließlich heißt Verantwortung tragen auch, entscheiden zu müssen – und genau dem geht der Konsequente aus dem Weg. Nur in einer Gesellschaft, deren Zielsetzung nicht der mitdenkende und mündige Bürger ist, sind das Konsequentsein und die damit auch immer verbundene Durchsetzungsfähigkeit gern gesehene Gäste. Hier fungiert der „Konsequente" immer als der „kleine Sklaventreiber" eines größeren Herrn.

In diesem Zusammenhang kann man das Dilemma eines Hundehalters vielleicht besser verstehen. Egal wie man den Begriff „Konsequenz" dreht oder wendet, es fällt schwer, ihm etwas wirklich Positives abzugewinnen. Er führt immer einen üblen Beigeschmack mit sich. Drängen sich nicht unterbewusst Assoziationen wie „streng", „stringent", „stur" bis hin zum „Eingeschränktsein" auf? Haben nicht Mitmenschen, die wir als durchgehend konsequent bezeichnen, auch immer etwas Unsympathisches an sich? Einerseits hegen wir eine Art von Bewunderung für sie, andererseits wirken sie auch immer ein wenig unmenschlich auf uns. Das kommt nicht von ungefähr, sondern ist darin zu begründen, dass uns das Konsequentsein das genaue Gegenteil unseres angeborenen notwendigkeitsbezogenen Verhalten abverlangt und somit unsere natürlichen Entscheidungsstrategien in Frage stellt.

➡ **Wir erinnern uns: Nach Notwendigkeit handeln bedeutet, jede neue Situation bewusst zu analysieren und über den jeweiligen notwendigen Energieeinsatz nachzudenken. Konsequent sein heißt, genau das nicht zu berücksichtigen.**

In Anbetracht der Anforderungen an eine gute Führung könnte man konsequente Personen somit als führungsschwach bezeichnen. Wie müssen wir also die Aufforderung, konsequent zu sein, zukünftig verstehen? Oder wie sollen wir es bewerten, wenn jemand unser konsequentes Handeln lobt? Seien Sie ruhig beleidigt! Er hat Ihnen gerade mitgeteilt, dass er Sie für einen etwas schlichten, unflexiblen, sturen „Sack" hält!

Schuld an diesem ganzen Unsinn ist tatsächlich nur der anfänglich erwähnte Versuch, die Welt in eine hierarchische Ordnung einzuteilen. Mit Bezug auf unsere bisherigen Erkenntnisse lässt sich der Beweggrund dieses Bestrebens eindeutig zuordnen: Auch hier war es wieder die menschliche Unsicherheit, die infolge der damit verbundenen Selbsterhöhung diese irreale Schieflage der Wahrnehmung der eigenen Umwelt auslöste. Die daraus resultierenden desaströsen Ungerechtigkeiten für die anderen hat derjenige, der eine hierarchische Struktur vorgegeben hat – meistens gleichzusetzen mit dem, der an ihrer Spitze steht –, dabei billigend in Kauf genommen. Mich tröstet der Gedanke: **Wann immer jemand von Hierarchie, Gehorsam und Durchsetzung predigt – er ist nur ein Opfer seines eigenen Minderwertigkeitsempfindens.** Mit unserem korrigierten Blickwinkel können wir ihn aus seinem Elend befreien.

Lassen Sie uns gemeinsam – natürlich nur rein hypothetisch – die besagte Schieflage wieder ins rechte Lot bringen und setzen bei der Bewertung unseres Gegenübers – natürlich auch nur rein hypothetisch – Gleichwertigkeit voraus. Stellen Sie sich bitte mit mir gemeinsam einmal vor, wir würden ab morgen alle uns bekannten Personen unseres Umfeldes unter dieser Voraussetzung erneut kennenlernen. Da wir nun aufgrund der gleichwertigen Betrachtung niemandem gegenüber Vorbehalte haben, suchen wir bei unserem Gegenüber nicht nach abgrenzenden Unterschieden, sondern nach uns verbindenden Gemeinsamkeiten. Wir differenzieren nicht zwischen seinen und unseren Bedürfnissen. Sie werden angenehm überrascht von dem sein, was Sie nun erwartet. Nicht in den kühnsten Träumen hätten wir uns vorzustellen gewagt, wie sich vermeintlich unlösbare zwischenmenschliche Verständigungsprobleme einfach in Luft auflösen beziehungsweise gar nicht erst entstehen. Und das alles nur, weil wir diesmal bereit sind, auch aus der Perspektive unseres Kommunikationspartners zu schauen und diese bei unserer Urteilsfindung zu berücksichtigen. Wir erkennen: Allein die Umstellung der Begrifflichkeit und die Annahme der Gleichwertigkeit löst das Hierarchiemodell auf.

Doch bevor wir unser Experiment morgen beginnen und unsere neuen Errungenschaften an unseren Kollegen, Mitarbeitern oder Chefs ausprobieren, können wir versuchsweise diese veränderten Gedankengänge an dem bereits aktivierten Beispiel Hund durchlaufen: Wir stützten uns hier auf die schon bewiesenen Istwerte und ziehen diese zur Begründung der Gleichwertigkeit heran. Der Mensch ist ein Säugetier, der Hund auch – stimmt. Ein weiterer unumstößlicher Istwert, der Altersunterschied, dient uns nun als Ausgangsoption unseres Vergleiches: Aufgrund der eklatanten Altersdifferenz ist der Hund im Verhältnis zu uns nachweislich mindererfahren – stimmt auch. Jetzt wird es spannend. Denn allein durch die Annahme der Gleichwertigkeit bekommt die Feststellung der „Minderfahrung" eine gänzlich andere Gewichtung. Wurde sie vorher aufgrund der hierarchischen Reduzierung des Hundes als Minderintelligenz eingestuft und musste somit sogar zur Rechtfertigung der Kontrolle herhalten, ist sie unter unseren veränderten Umständen jetzt Anlass, auf keinen Fall mit begrenzenden Mitteln auf den Unerfahrenen einzuwirken.

➡️ **Denn durch das Zugeständnis der Gleichwertigkeit bleibt die Minderfahrung, was sie immer war: Minderfahrung und nicht Minderintelligenz.**

Diese Kenntnis ist schon ausreichend, um auszulösen, dass sich die alten Pflichtverteilungen vollständig verschieben, wenn nicht sogar umkehren. Es wäre aus dieser Perspektive geradezu absurd, den Unerfahrenen ohne sein Wissen um den eigenen Vorteil zu verpflichten, unseren Anweisungen gehorsam zu folgen. Würde ein „Durchsetzer" trotz seines Wissens um die umkehrpsychologischen Reaktionen hierbei dennoch kontrollierende Vermittlungstechniken wie das Kommando benutzen, müsste man sein Vorgehen jetzt sogar als grob fahrlässig bezeichnen. Ein guter Führender – viel zutreffender wäre meines Erachtens die Bezeichnung

„Vertrauter" – würde mit den neuen Informationen nicht sein Gegenüber verpflichten, sondern sähe sich ab diesem Zeitpunkt selbst in der Pflicht, den Anvertrauten mit Hilfe seiner eigenen Erfahrung zu schützen.

➡ **Da in jeder sozialen Gemeinschaft durch die Zusammenführung unterschiedlichster Persönlichkeiten automatisch auch ein sehr unterschiedliches Wissensniveau entsteht, ist eine der Hauptaufgaben, diesen Umstand zu berücksichtigen und bei Bedarf auszugleichen.**

Hierbei drängt der Vertraute sein Wissen aber nicht auf oder setzt es durch, sondern benutzt seine Einsicht in die Psychologie seines Schützlings, um die neuen Informationen „annehmbar" zu vermitteln und ihm weiterhin die Möglichkeit der eigenen Wahl zu geben.

Es ist schon bemerkenswert, wie nur durch die Veränderung der antiquierten Werteschablone der Hierarchie die sicher geglaubte Zuordnung des Hundes einfach aus den Angeln gehoben wird. Konnten wir ihn bis gerade noch als infantilen Befehlsempfänger abstempeln, wäre es ab jetzt unverantwortlich, diesen Umgang so weiter fortzusetzen. Geradezu erschütternd ist jedoch der Gedanke, dass wir versehentlich mit unserem kleinen Testlauf alle bisher gültigen

Grundwerte der Hundefachwelt außer Kraft gesetzt haben. Entschuldigen Sie, das geschah nicht direkt mit Absicht. War doch alles nur rein hypothetisch. Wenn schon unser Versuch am Beispiel Hund eine so drastische Veränderung mit sich bringt, wage ich gar nicht, mir auszumalen, was erst alles passieren kann, wenn wir ab morgen beginnen, auch unser menschliches Umfeld neu zu entdecken.

Vielleicht wird der eine oder andere von Ihnen sich nicht angesprochen fühlen und davon ausgehen, dass er selbstverständlich Gleichwertigkeit im Umgang mit seinen Mitmenschen voraussetzt. In diesem Zusammenhang erinnere ich mich an ein Gespräch, das ich kürzlich noch mit dem Artdirector eines Kreativunternehmens führte. Auch hier war der Hintergrund die strukturelle Gliederung des Arbeitsumfeldes. Er legte sehr viel Wert auf die Tatsache, dass man sich in seinem Unternehmen untereinander grundsätzlich auf Augenhöhe begegne, unabhängig von den unterschiedlichen Tätigkeitsfeldern. Als er mir sein Studio zeigte, fiel mir eine dekorative Holzkiste mit Schokoriegeln auf, die nach seinen Angaben regelmäßig von einem darauf spezialisierten Start-up aufgefüllt wurde. Jeder Mitarbeiter könne sich daraus bedienen und später eigenständig in eine Gemeinschaftskasse einzahlen. Fast beiläufig erwähnte er, dass aber immer häufiger die Abrechnung nicht stimme und er nun die Putzfrauen in Verdacht habe, sich an der Kasse

zu bedienen. Dass ein anderer Mitarbeiter unter Umständen versäumt haben könnte, seinen Obolus zu entrichten, hielt er für ausgeschlossen. So viel zu dem Thema Augenhöhe. **Bei uns sind alle gleich – nur einige sind gleicher!**
Um wirklich sicherzugehen, dass man sein Umfeld tatsächlich neutral bewertet, ist zu empfehlen, zu Beginn seinen persönlichen Sprachgebrauch zu analysieren. Denn gerade unsere eigene Sprache verrät indirekt am meisten darüber, wie wir unsere Umwelt wahrnehmen. Durch meine tägliche Auseinandersetzung mit nonverbalen und manchmal auch sprachlosen Lebewesen bin ich zwar schon früh in meiner Auffassung, dass Sprache als Kommunikationsmittel überbewertet wird, bestätigt worden. Trotzdem bin ich immer wieder fasziniert über das, was sie ungewollt mitteilt. Um diese codierten Nachrichten entschlüsseln zu können, müssen wir die Sprache zu Beginn in zwei Gruppen aufteilen.
Da haben wir zuerst einmal die bewusste Sprachebene. Sie dient immer als ein Mittel der Manipulation, gibt im Regelfall nur die Informationen preis, die unser Gesprächspartner erfahren soll – und teilt selten mit, was wir von einer Sache wirklich halten. Die für unser kleines Experiment weitaus aufschlussreichere Variante ist aber die zweite, die unterbewusste Sprachebene. Sie drückt unsere wahren Gedanken und Gefühle aus. Sie ist unbedacht oder – wie man so schön sagt – „freiheraus" und trägt nie die bewusste Absicht, zu

manipulieren. Sie ist der Grund, warum die meisten Politiker von einem Zettel oder einem Teleprompter ablesen müssen.

Sehr interessant ist das Phänomen, dass diese unterbewusste Sprache in Erscheinung tritt, wenn wir von einer Fragestellung überrascht werden und keine Zeit haben, uns eine bewusste Antwort zu überlegen. Dies passiert etwa, wenn wir unserem Gegenüber kurz nacheinander zwei Fragen stellen – das heißt, während er noch nach der Antwort auf die erste Frage sucht, lenken wir seine Aufmerksamkeit auf ein belangloses Nebenereignis und fordern schon die Antwort auf eine Folgefrage ein. Hier bleibt dem Befragten keine Zeit, sich eine „politisch korrekte" Antwort auszudenken oder um den heißen Brei herumzureden. Da das Bewusstsein bei dieser Art von Anforderung schnell wechseln muss, um die zweite Anforderung zu analysieren, übernimmt nun logischerweise das Unterbewusstsein die Beantwortung der ersten Frage. Egal, ob der Interviewte nun ursprünglich vorhatte, ehrlich zu antworten, oder nicht: Das Ergebnis, das wir jetzt hören werden, wird auf jeden Fall sehr nahe an der eigentlichen Wahrheit liegen. Ein besonderes Augenmerk sollten wir dabei auf die Worte legen, die er benutzt. Es sind bereits die unterbewusst zugeordneten Vorurteile, die jetzt in Sprache umgewandelt werden. **Die indirekte Begriffswahl ist nämlich der Generalschlüssel, um erkennen zu können, was wir von jemandem oder jemand von uns hält.**

Dabei sind es nicht selten ganz unschuldig daherkommende Vokabeln, die es bei genauerer Betrachtung in sich haben. Nehmen wir einmal an, jemand sagt zu Ihnen, Sie wären schlau, dann hat er Sie damit gerade reduziert, denn er hat damit auch gesagt, dass er Sie nicht für intelligent hält. Zumindest nicht für so intelligent wie sich selbst. Noch markanter fällt es natürlich bei Begriffen wie „clever" oder „pfiffig" auf. Diese Begriffe tauchen immer dann auf, wenn wir jemanden nicht für vergleichbar intelligent wie uns halten. Würden wir jemanden für wirklich intelligent halten, würden wir ihn auch so bezeichnen.

Ziehen wir noch einmal die Wortkombination „Konsequentsein" hinzu, wird vielleicht jetzt noch klarer, warum deren Anwendung auch gleichzeitig impliziert, dass wir davon ausgehen, dass wir nur jemandem gegenüber Konsequenz zeigen müssen, den wir in unseren Augen minderkategorisiert haben und von dem wir annehmen, dass er unsere Kontrolle benötigt. Den umgekehrten Fall dürften Sie wahrscheinlich noch nie erlebt haben: Seinem Vorgesetzten gegenüber mal wieder richtig „konsequent sein" zu müssen – diesen Satz, da bin ich mir sicher, werden Sie, wenn überhaupt, nur von seiner Gemahlin hören.

Richten wir noch einmal einen Blick auf das Gespräch mit unserem Artdirector. Fällt Ihnen etwas bei seiner Wortwahl in Bezug auf seine „nonkreative" Mitarbeiterin auf?

Er nannte sie „Putzfrau". Wir haben es hier eindeutig mit seiner unterbewussten Sprachebene zu tun. Sie erinnern sich: Seine bewusste Wahrnehmung war darauf ausgerichtet, die positiven Vorzüge seines Unternehmens darzustellen, die Aussage mit dem vermeintlichen Diebstahl fiel „fast beiläufig". Wir können uns sicher sein: Hätte er auf der bewussten Ebene den Vorfall beschrieben, hätte er sich der politisch korrekten Begriffe der „Reinigungskraft" oder „Raumpflegerin" bedient oder wahrscheinlich seine haltlosen Verdächtigungen gar nicht erst ausgesprochen. Aber das ist ja das Schöne an unbedachten Äußerungen. Da weiß man wenigstens, woran man ist.

Die unterbewusste Sprachebene ist also die ehrlichere von den beiden. Nur hier erfahren wir, wie jemand wirklich tickt. Wir benutzen sie, wenn wir uns sicher fühlen – das heißt also, wenn wir bei unserem Gesprächspartner keinen Anlass sehen, etwas verbergen zu müssen –, oder aber, wenn wir kalt erwischt werden.

Es ist mit Sicherheit eine aufschlussreiche Erkenntnis, wenn Sie für sich einmal selbst überprüfen, bei welchen Personen in Ihrem Umfeld Sie dazu neigen, Ihre Worte „mit Bedacht" zu wählen. Hierbei ist es egal, ob Sie versuchen, Ihren Gesprächspartner zu beeindrucken, oder den Hang verspüren, für ihn die Sprache zu vereinfachen. In beiden Fällen können wir anhand dieser Indizien davon ausgehen, dass wir ihn auf keinen Fall als gleichwertig erachten. Umgekehrt muss dann die Schlussfolgerung lauten: **Wir verhalten uns nur dann authentisch – reden also, wie uns der „Schnabel gewachsen" ist –, wenn wir davon ausgehen können, dass wir niemandem etwas vorspielen müssen.**

Wie wir an unseren Beispielen erkennen können, ist Sprache tückischer, als man im ersten Moment vermuten würde. Aber man kann über genaues Zuhören lernen, die bewusste und die unterbewusste Ebene zu unterscheiden. Für uns ist die Information, die die unterbewusste Sprache transportiert, sowieso von weitaus größerer Bedeutung. Wir sollten jetzt aber nicht wie eine Schlange die Maus – unseren Gesprächspartner – fixieren und jedes seiner Worte auf die Goldwaage legen. Es reicht schon, wenn wir unser Wissen um die unterbewusste Bewertung dazu nutzen, uns nicht von jeder hohlen Fassade blenden zu lassen.

Den wohl genialsten Weg, die wahren Absichten seines Gegenübers zu erkennen, hat ein guter Freund von mir praktiziert. Er ist das, was wir landläufig einen begnadeten Netzwerker nennen würden. Ich kenne keine weitere Person mit so einem unnachahmlichen Gespür, Menschen und deren Projekte zusammenzuführen. Ein Teil des Geheimnisses seines Erfolges war Don Corleone. Don Corleone war ein Straßenhund aus Sizilien mit allen Eigenschaften, die man im Allgemeinen seinen Landsleuten nachsagt – insbesondere ausgestattet mit einer natürlichen Skepsis gegenüber Fremden. Immer an der Seite meines Freundes, musste jeder, der Geschäfte mit ihm machen wollte, immer erst die Don-Corleone-Prüfung überstehen. Mit der Präzision eines Lügendetektors war sein Hund in der Lage, binnen weniger Sekunden herauszufinden, ob jemand „echt" war. Versuche, auf der ersten, der bewussten Sprachebene seine wahren Absichten zu verschleiern, wurden mit einem kaum hörbaren Grummeln schon im Ansatz erstickt. Durchgefallen! Manch ein gescheiterter Bewerber wird sich womöglich noch heute fragen, warum ein Geschäft nie zustande gekommen ist. Es wird immer Don Corleones Geheimnis bleiben. Wahres Dog-Management!

Es ist noch gar nicht so lange her, da führte ich ein Gespräch mit einer verzweifelten Jagdhundbesitzerin, die nach ihren eigenen Worten bereits alles versucht hatte, um ihren Hund vom unerwünschten Jagen abzuhalten. Allein die Aufzählung der unterschiedlichsten Seminare und Schulungen, die sie besucht hatte, nahm so viel Zeit in Anspruch, dass ich eine vage Vorstellung davon bekam, welches Martyrium sie durchlaufen haben musste. Dass sich trotz ihres enormen Aufwandes die Situation mit ihrem Hund verschlimmert hatte, überraschte mich bei der Aufführung der vermittelten Inhalte nicht. Zeitweise war ich mir nicht mehr sicher, ob sie nicht die Setlist eines Comedians wiedergab. Aber zum Lachen war ihr gar nicht mehr zumute.

Besondere Aufmerksamkeit erregte bei mir das Körpersprache-Seminar. Zumal sie gerade wie ein Häufchen Elend in sich zusammensank. Hatte dieses Thema, das ich auch schon aus der humanen Führungsschulung kannte und das mir dort schon manchen Lachanfall beschert hatte, doch tatsächlich den Weg in die Hundeausbildung gefunden. Dann musste die Verzweiflung wirklich groß sein.

Finden Sie nicht auch, dass es kaum etwas Amüsanteres gibt als erwachsene Menschen, die sich auf Anweisung eines selbst ernannten Coachs für nonverbale Kommunikation vor den Augen der sich fremdschämenden Mitleidensgenossen so richtig zum Affen machen? In der Hoffnung, dass es einen selbst nicht als nächstes trifft? Genau solch ein Seminar hatte die Hundebesitzerin besucht, allerdings hatte der Hund die Rolle des Mitarbeiters eingenommen, dem solche Seminare ansonsten oft gelten. Wie Sie sehen: Es geht auch umgekehrt. Als Ursache des „Fehlverhaltens" ihres Hundes hatte man natürlich seinen unstillbaren Jagdtrieb genannt, was für sich allein ja schon eine ziemlich schlechte Nachricht wäre, wenn es denn stimmte. Viel schlimmer noch erschien der Hundehalterin allerdings die Tatsache, dass sie in der Führung versagt haben soll, wie man ihr fast schon vorwurfsvoll attestierte. Der Referent verwies auf ihre schlaffe Körpersprache – „schlaff" hatte er gesagt, was ich persönlich schon als Unverschämtheit empfinde –, die dafür verantwortlich sei, dass ihr Hund sie nicht ernst nehmen könne und sich selbstverständlich ihrer Nichtpräsenz entziehe. Aber glücklicherweise gab es ja schließlich ihn, der gemeinsam mit ihr und allen anderen anwesenden „Schlaffis" diesen Notstand ein für alle Mal abstellen würde. Man müsse nur wollen. Dann nahm das Unvermeidbare seinen Lauf: Wie zu erwarten, kamen jetzt die anscheinend unverzichtbaren Rollenspiele. „Gehen wie Kleopatra" waren seine bedeutungsschwangeren Worte. Rücken gerade, erhobenen Hauptes und die Schultern nicht durchhängen lassen. Man müsse Stolz und Anmut ausstrahlen, dann funktioniere es auch mit dem Hund. Das Problem war nur, dass das, was die gehemmten Führungsaspiranten dort zurechtschritten, nach allem aussah, nur nicht nach ägyptischer Prinzessin. Da ich sehen konnte, dass die Dame das Trauma dieser Erfahrung noch nicht verarbeitet hatte, bat ich sie, ihre Schilderung einzustellen. Was würde wohl Don Corleone dazu sagen?

➜ **Wir sollten uns die Frage stellen, welchen Sinn und Zweck sogenannte Körpersprache-Seminare überhaupt haben, wenn man das Fehlen einer Führungspräsenz offensichtlich an gänzlich anderen Ursachen festmachen kann. Nach all dem, was wir miteinander entdecken konnten, sind wir in der Lage, sehr genau** zu benennen, dass nur ein überholtes Rollenverständnis die alleinige Verantwortung für die „Schieflage" des Führungsdebakels trägt.

WAHRE FÜHRUNG WÄCHST IM INNEREN

Die meisten Führungsseminare arbeiten lediglich an der äußeren Hülle des Problems. Als ob uns eine künstlich aufrechte Haltung zu einem besseren Anführer machen würde. Natürlich kann das Wissen um die Wirkung von Habitus und Gestik mit Sicherheit ein ergänzendes Werkzeug sein, um bereits vorhandene Fähigkeiten noch zu erweitern. Aber mal ehrlich: Welchen Nutzen haben Weiterbildungen in dieser Form, wenn das Wesentliche nicht erkannt wird und sich in Zukunft nur noch Führungsklone gegenübersitzen, die sich gegenseitig um die Wette spiegeln, weil alle die gleichen Kenntnisse auf den gleichen Workshops erworben haben? Zu dumm nur, dass man keine Ausstrahlung üben kann.

➡ **Es werden Persönlichkeiten gebraucht, die bereit sind, zum Wohle der Gesamtheit den eigenen Vorteil hintanzustellen. Anstelle eines aufrechten Ganges glänzen sie durch Rückgrat.**

Sie drängen sich nicht in den Vordergrund, stehen aber, wenn sie gebraucht werden, zuverlässig in der ersten Reihe. Eben die Verlässlichkeit ist das, was einen „Vertrauten" ausmacht. Im Unterschied zum Konsequentsein ist die Zuverlässigkeit die wahre Stärke. Würden wir an ihr arbeiten statt an Äußerlichkeiten, würden wir genau das erreichen, was wir uns etwa von einem Körpersprache-Seminar erhofft haben. **Führen lernen heißt auch immer entscheiden lernen.** Ein Führender wird nämlich nicht an seinen Worten oder seiner Körpersprache gemessen, sondern nur an seinem Handeln. Die wichtigste Lektion, die er dabei erfahren kann, ist die, dass man ihm auch Fehlentscheidungen verzeihen wird. **Denn viel schlimmer, als eine Fehlentscheidung zu treffen, wäre es, keine Entscheidung zu treffen.** Das würde seine Gruppe verunsichern. Aus dieser Erkenntnis heraus lernt er, immer intuitiv zu entscheiden und nachher zu reflektieren. Durch diese Technik erhöht sich automatisch die Anzahl seiner Entscheidungen, und er wird zwangsläufig auch immer sicherer. Und genau diese Sicherheit ist es, die nun wieder nach außen wirkt. Sie ist mit körpersprachlichem Training nie zu erreichen.

➤ **Erfolg zu simulieren wirkt immer unglaubwürdig. Wahrer Erfolg verändert unsere Körpersprache.**

Wir treten selbstbewusster auf und wirken auf unser Umfeld authentisch. Wir müssen uns nicht hinter einer Maske verstecken. Entgegen allen Behauptungen der Verfechter der „Kleopatra-These" darf wahrer Erfolg auch hängende Schultern haben. Wie wäre es sonst zu erklären, dass Stephen Hawking, der so gar nicht das Klischee der „Körperkultler" erfüllt, dennoch eine der am meisten respektierten Persönlichkeiten unserer Zeit ist?

Aber abgesehen von all den Verwirrungen – am Ende verbindet uns doch alle ein gemeinsames Ziel: der Wunsch nach der idealen Führung, nach Sicherheit! Und all denen, die uns immer wieder erklären wollen, wie diese auszusehen hat, sei gesagt, dass wir auf ihre Bemühungen gerne verzichten können, denn wir wissen selbst am besten, wonach wir streben.

Glauben Sie nicht den Ewiggestrigen, die uns weismachen wollen, dass einem die Fähigkeiten zur Führung in die Wiege gelegt worden sein müssen. Man kommt nicht als Führender auf diese Welt. Diese Vorstellung konnten wir in der Geschichte der Menschheit schon häufig beobachten, und sie erwies sich immer als ein Fantasiegebilde jener, die mit allen Mitteln versuchten, ihre eigene Vormachtstellung zu legitimieren.

➡ **Führung ist immer ein Prozess des lebenslangen Lernens. Jeder, der in der Lage ist, Empathie für**

sein Umfeld zu empfinden, und bereit ist, Verantwortung für die Gemeinschaft zu übernehmen, besitzt schon alle notwendigen Grundlagen, um Führung zu erlernen.

Starke Führungspersönlichkeiten werden immer durch ihre Gemeinschaft geformt. Verabschieden Sie sich schon einmal langsam von der Vorstellung des alles dominierenden Alphamännchens, es muss bald gehen. Seine Zeit ist abgelaufen. Wir geloben, uns auch immer daran zu erinnern. Immer dann, wenn wir betrübt sind und uns aufheitern wollen. So wie wir uns vergilbte Fotos von unseren lustigen früheren Frisuren anschauen, von denen wir einmal sehr überzeugt waren.

Ruhe in Frieden, Alpha. ■

DANK

■ Mit Danksagungen ist das immer so eine Sache. Um niemanden zu vergessen, möchte ich mich vorab bei all denen bedanken, die zum Gelingen dieses Buches beigetragen haben.

Mein besonderer Dank gilt Dr. Peter Felixberger. Sein Enthusiasmus und seine mitreißende Art der Umsetzung machten dieses Projekt für mich überhaupt erst möglich.

Des Weiteren möchte ich mich bei Ines Marx für die hervorragende Zusammenarbeit bedanken. Ihr ist es immer wieder gelungen, meine manchmal doch konfusen Gedanken in strukturierte Bahnen zu lenken, selbst in frühen Morgenstunden.

Nicht unerwähnt lassen möchte ich auch die mich begeisternde optische Gestaltung des Buches durch Lisa Busch und Michel Kreuz. Dafür möchte ich mich bei ihnen bedanken.

Außerdem bedanke ich mich bei Alexander Dorn und Nevio für ihre Inspiration.

Und zu guter Letzt gilt mein Dank meinen langjährigen Wegbegleitern Diana, Simone und Holger sowie all meinen zwei- und vierbeinigen Familienmitgliedern für ihre unermüdliche Unterstützung. ■